<Python>
编程课

[德] 豪克·费尔 著

张玄黎 译

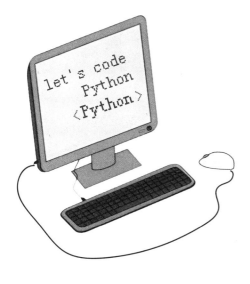

let's code
Python
<Python>

電子工業出版社·

Publishing House of Electronics Industry

北京·BEIJING

版权贸易合同登记号　图字：01-2024-1352

图书在版编目 (CIP) 数据

Python 编程课 /（德）豪克·费尔著；张玄黎译 . —北京：电子工业出版社，2024.5
书名原文：Let's Code Python
ISBN 978-7-121-47679-2

Ⅰ . ① P… 　Ⅱ . ①豪… ②张… 　Ⅲ . ①软件工具－程序设计　Ⅳ . ① TP311.561

中国国家版本馆 CIP 数据核字（2024）第 074005 号

责任编辑：张　昭　　特约编辑：马　婧
印　　刷：三河市双峰印刷装订有限公司
装　　订：三河市双峰印刷装订有限公司
出版发行：电子工业出版社
　　　　　北京市海淀区万寿路 173 信箱　邮编 100036
开　　本：787×980　1/16　印张：21.75　字数：330.6 千字
版　　次：2024 年 5 月第 1 版
印　　次：2024 年 5 月第 1 次印刷
定　　价：108.00 元

凡所购买电子工业出版社图书有缺损问题，请向购买书店调换。若书店售缺，请与本社发行部联系、联系及邮购电话：(010) 88254888，88258888。
质量投诉请发邮件至 zlts@phei.com.cn，盗版侵权举报请发邮件至 dbqq@phei.com.cn。
本书咨询联系方式：(010) 88254210，influence@phei.com.cn，微信号：yingxianglibook。

亲爱的读者

欢迎你加入 Python 编程的学习！

在本书中，我们使用开发环境 TigerJython。将这一程序安装在你的计算机上，并且在其中编写你的程序。

这有两个优点：
如果在编程中出错，TigerJython 会弹出方便你找到错误的通知。

此外，TigerJython 还包含用于图形化编程的库。你可以让计算机画些东西。使用游戏引擎"游戏网格"，你就可以按照自己的规则对游戏进行编程。

你最好按照本书的章节顺序进行阅读。因为在编程时，你需要的技术彼此关联，按顺序阅读可以使你依次学习。

你喜欢这本书吗？如果你想对本书提出批评或肯定，如果某些内容并未达到你的预期，或者你想针对其他方面提出建议，请你与我联系。我期待你的反馈。

祝你学习愉快！

阿尔穆特·波尔
莱茵威尔克计算机类审校部

莱茵威尔克出版社，莱茵威尔克大街 4 号·邮编：53227，波恩

直到几年前，编程还被视为少数人参与的活动，几乎没有什么好说的，但今天我们知道，通过自己编写计算机程序来解决问题是一种非常富有创造力的活动，并且需要许多日常领域中的专业知识，在职业领域中发挥着重要作用。如今，人们更多地谈论写代码和计算思维，而不再是编程。

它不再指掌握某种特定的编程语言，而是要传达在大部分编程语言中普遍适用的概念。就编程语言的选择而言，越来越多的例子表明人们可以从任意通用的高级编程语言开始入门。尽管适用范围广泛，但是 Python 的语法简单。这对初学者而言特别友好，程序的难易程度可以轻松地按照学习者的水平逐步提升。

换句话说，Python 可以扩展，而 TigerJython 是本书中使用的"全包括"开发环境。就算没有系统知识和安装知识，使用者也可以在三个常见的计算机系统中立即开始编程。

《Python 编程课》的作者设置了适合初学者的学习曲线，让他们可以逐步提升。而已经具备 Python 知识或其他编程语言知识的读者，也可以轻松愉快地阅读书中内容，因为本书的示例和材料选择是非常出色的。

我相信这本书将有助于丰富个人、学校以及职业领域的编程学习。因此，我向大家推荐本书。衷心祝愿，大家能够享受使用 Python 写代码的过程！

2018 年 10 月

埃吉迪乌斯·普吕斯博士

TigerJython 研发者之一

## 第一章

编写程序——如何操作?

能够自己编写计算机程序的人就是一名程序员。每个人都可以学习编程——编程不需要任何信息学方面的学习。只要了解了真正的编程并逐步尝试,你很快就可以像专业人士一样进行编程,我保证!

你想成为程序员吗?如果你说"是",恭喜你,这是一个不错的决定。编程可以给你带来极大的快乐。这是一项在各个层面上挑战你的大脑的活动。编程可同时促进逻辑思维和创造性思维。为了能够编好程序,你需要这两种思维,但是别担心。你不需要是数学天才或出色的发明家。喜欢编程的人会发现属于自己的、可以在其中施展才能的领域。

编程到底是什么意思?这和在 Word 文档中写文字或者编辑 PPT 一样吗?

一样,也不一样。写软件和使用软件有些不同。就像汽车一样,许多人可以驾驶汽车,但是只有少数人可以修理汽车,更少的人能够设计和制造自己的汽车。使用程序也是这样的。例如,很多人擅长操作 Office 办公程序或者使用图形编辑器编辑图像。特别是,许多人精通计算机。

然而,开发自己的程序是完全不同的。编程时,你需要做导演,从构思到做出完美的成品应用程序。你需要根据自己的创意和能力思考程序应该能够做什么,然后逐步实现。通过编写每条程序代码,你可以拓展技能,然后承担更大或更令人兴奋的项目。毕竟,只要有计算机,编程只花费时间,而不怎么花钱。你不需要汽车修理厂或生产设施,所需的只是你的想象力和如何进行处理的知识。

学编程需要学习计算机科学吗？

不需要，学习编程不需要先学习计算机科学。如果你想在公司的 IT 部门找到一份好工作，那么能够证明自己能力的计算机科学专业的文凭绝对是一项优势。但是，你完全可以自学编程。在网络上，有许多相关的说明和教程视频。在今天，学习任何领域的编程都变得特别容易。你拥有的经验越多，学习新技术的速度就会越快，因为所有事物都是相互依存的。顺便说一句，我本人从未学习过计算机科学，并且在过去的 25 年中，我一直在做各领域软件的编程，并进行销售。

学习编程，我必须具备些什么？

最最重要的前提条件是好奇、乐趣与爱好。如果你喜欢在计算机上工作，如果你对人们如何解决问题和对计算机背后的内容充满好奇，如果你在完成或简单或棘手任务时感觉充满乐趣，或者对设计、控制和制作感到快乐，那么你现在就已经在成为程序员的道路上了。

你无需是数学天才，只要有简单的数学知识就够了，比如可以比较数字大小。你也不需要成为优秀的设计师。如果你本身就是一位设计师，那么你可以将设计融入自己的程序中；如果不是，你也可以寻找一个自己比较熟悉的编程领域。

编程领域非常多样——你可以学习每一个吸引你的领域。程序可以完成日常任务、解决棘手问题、创作创意游戏、操控机器人、创建学习媒介、管理数据等，原则上，计算机可以实现的所有功能都可以由你自己编写程序。

我使用什么工具开始编程？我的学习可以多深入？

现在，很容易回答第一个问题：最好从这本书开始。学习 Python 是编程的绝佳入门路径。Python 比其他许多语言更易于学习——你可以借助 Python 成为专业人士，因为可以使用 Python 做的事情是无限的。借助来自各个领域的模块，整个编程世界将向你敞开。无论是数据库、Web 服务器、游戏、实用工具，还是控件的编程——一切都可以在 Python 中实现。

Python 包含其他专业语言所拥有的所有命令和结构，包括最复杂的方法。如果你了解 Python 中的编程语言是如何工作的，就可以轻松切换到其他编程语言，例如 Java、C++、JavaScript、PHP——任何你想私下或在工作中使用的语言。使用 Python，你可以学习程序员在任何一个系统中都需要反复使用的所有重要的基础知识和流程。

我可以多快学会编程？

当然，这完全取决于你：你在学习上投入多少时间和精力，不断挑战新内容对你而言会带来多少乐趣？开始时，你必须学会像程序员一样思考。这会花费一些时间，但随后它会变得越来越快，越来越容易。刚开始时，你会编写一些很短的程序，但是在编写或调整自己的每个程序的过程中，你都会学到一些新东西。本书旨在为你提供所有重要的基础知识——作为程序员，该如何处理任务，如何设计和编写程序，将哪些结构用于何种用途，有哪些基本命令和扩展模块，如何在程序中实现典型流程。从屏幕上出现最简单的"Hello"到面向对象的游戏编程，本书涵盖了很多内容——当然，我们始终提供简单且可以直接操作的示例。如果你已经读完本书并尝试和理解了所有示例，那么你就可以将自己称为程序员了——然后你可以继续进行自己的大型项目。从这时起，世界向你开放。你可以自主决定程序员的发展方向，毕竟，你已经具备了编程的知识和能力！

## 第二章

计算机如何运行？

如今，大多数人或多或少都知道如何使用计算机，知道如何操作 Office 办公软件、电子邮件客户端或浏览器之类的常见程序。然而，计算机在其内部所做的事情对许多人而言还是未知的。

想要编写程序的人，至少应该对它们有所了解。

PC 的内部运作

你曾经看过计算机内部吗？实际上，它的结构非常清晰。通常，它有一个主板，处理器芯片、RAM 存储器以及各种输入和输出端都位于这个主板上。通常，在主板上会有一个用于图形计算的附加处理器（显卡）。与主板相连的是电源接口及电源设备，一块或多块硬盘，也许还有一个 CD 或 DVD 驱动器，在外部还可以连接屏幕、键盘和鼠标。这些是基本组成部分，你可以使用它们完成计算机要做的所有事情。

平板电脑和智能手机当然也是完整的计算机。有了它们，所有东西都变得更小。它们也有处理器、RAM 存储器、显卡，以及诸如硬盘的零件，使用电池作为电源。因为它们具有触摸屏，所以不需要鼠标和键盘。

各个部分到底是做什么的？

好吧，英文中常说的"Computer"实际指的是处理器，也称为 CPU（中央处理器）。而电脑也被称为"计算器"，因为"计算"是处理器的主要任务：它计算并处理接收到的数据。处理器可以以极快的速度加、减、乘、除、交换和更改数值——它还可以非常快速地将要处理的数字和字符移入缓存中或随时从中检索它们。"极快"的意思是：每秒数百万甚至数十亿次！

RAM 是计算机的快速、临时存储器。它具有数百万个值的空间,可以非常快速地保存和重新加载这些值。大多数情况下,只要计算机处于开机状态就可以。关闭电源后,正常的 RAM 存储器再次为空。

只需将处理器想象成一个快到无法想象的上班族,他坐在自己的办公桌旁,周围有无数的抽屉,他随时会有意识地从抽屉中取出带有文字和数字的纸条,在桌子上按照具体的规定编辑、计算、变更然后重新打包放回相同或不同的抽屉中。(某些应当妥善保存、以备后用的物品也会被存放在位于角落的保险柜中。)最后,他计算了所有单个过程的最终结果,并将其放入展架中,以便每个人都可以看到。

办公室工作人员是处理器,许多抽屉是 RAM 存储器(或者是硬盘,也就是角落中的保险柜),展架是连接屏幕的显卡,结果在屏幕上显示。这样,我们就使用了一种简单的方式介绍计算机的内部运行状况。

输入、处理、输出

实际上,计算机不会做的事情特别多——它自身的内部功能是有限的,仅包括对少量数据的精确计算和修改。但是,由于它的速度快得令人难以置信,以至于它可以在几分之一秒内处理数百万个这样的过程,因此它能够实现非常出色的整体性能。"可以处理"的前提条件是,它需要收到非常精确的有关它应该做什么以及按照什么顺序操作的规程。这些规程就被称为程序——逐步地为计算机提供非常精确的工作说明。如果没有程序,计算机几乎不起作用,基本上什么都做不了。

在此过程中,每个有用的计算机程序始终由相同的三个基本过程组成:获取数据(输入)、处理数据、输出数据。计算机从用户、硬盘或输入设备那里获得数据。计算机在其规程(程序)的帮助下处理这些数据,并在完成后再次输出数据,以便用户取回结果。

一个老式咖啡磨也是这样工作的,只是更简单:输入是将咖啡豆倒入豆槽中,处理是使用各种或粗或细的研磨头对咖啡豆进行研磨,输出是使细咖啡粉落入下方的收集盒中,最后,使用者从中取出咖啡粉制作咖啡。

然而,数据不是咖啡豆,在进入计算机后始终以数字形式运行,更准确地说是位和字节。稍后我们会具体介绍这两种形式。数据可以来自硬盘，在硬盘上，它们被汇集为"文件"并推送至缓存中，或者由用户使用来自连接设备的鼠标和键盘，或者麦克风、摄像头或传感器输入。也可以使用其他存储介质（例如 CD-ROM 驱动器或U 盘）进行输入。数据也可以通过和另外一台工作的电脑联机获取，或者来自互联网（如图 2.1 所示）。

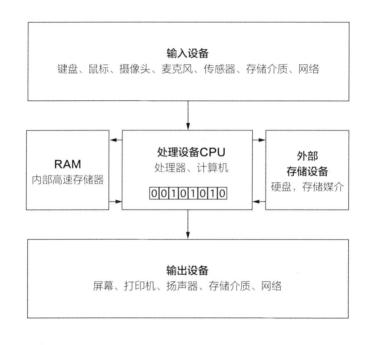

而计算机中替代"研磨头"的是一个"计算单元"，在其中对输入的数据逐个进行处理、变更、转换、连接或分离，然后将其打包保存到临时存储器中，以继续处理下一个数据。这是在处理器中发生的"处理过程"——由于处理器一次只能处理一个数字或一段文本，因此它还需要大量内存来存储已处理或必须继续处理的所有内容，而在内存中可以安全地进行中转存放，并在稍后重新调用。这就是内部存储器或 RAM 存储器的功能。

程序处理完成后，结果必须对用户可用，这就是输出。得出的数字、创建的文本、图形数据或其他数据将被发送到适当的设备上，比如屏幕或打印机、扬声器，或将它们作为文件写入硬盘。

这就是计算机的全部工作——它的完成情况取决于任务，有时以简单的方式完成，有时以复杂的嵌套方式完成，但万变不离其宗，始终是数据输入、数据处理、数据输出。

为计算机编写程序的人必须准确说明规程：哪些数据以何种方式输入？如何进行精确处理？最终如何输出？

位和字节

计算机内存（RAM 存储器或硬盘）的大小以位或字节为单位，如今以 GB 甚至 TB 为单位。这到底是什么意思？为此，你必须首先知道计算机如何存储数字或字母。毕竟，这并不是写一张有数值的小纸条那么简单。计算机的处理器和内存实质上分别由数百万和数十亿个微型晶体管组成。这些电子元件的工作方式类似于开关，可以通过电来打开或关闭，并且只要计算机接通电源，它们就可以保持其状态。每一个开关都被称为一"位"。1"位"可用于存储数字 1 或数字 0——1 表示开关已经打开，0 表示它关了。

如何保存大于 1 或 0 的数字？非常简单，将几个"位"组合成一个数字。一组 8 位被称为一个字节（如图 2.2 所示）。个字节可以存储 0 到 255 之间的所有整数。这就是在 8 个"位"上使用 1 和 0 可能组成组合的数量。

一个字节 = 8 "位"

128	64	32	16	8	4	2	1
0	0	1	0	1	0	1	0

仅由 1 和 0 组成的数字系统被称为二进制或二进位制。每台计算机都在内部使用此数字系统，并且在此系统中，人们可以存储世界上所有的数字，可以比常见的十进制系统使用更多的数字。

由此，计算机使用 8 个开关存储数字

```
00000000 = 0
00000001 = 1
00000010 = 2
00000011 = 3
00000100 = 4
00000101 = 5
11111111 = 255
```

如有需要，人们可以使用 8 "位"表示从 −127 到 +127 的数字，方法是将第一位用作符号（0 = 加号，1 = 减号）并将剩余的位用作数值。

而且由于 256 个不同的数字远远超过我们字母表中的字母，因此每个字节不仅可以理解为数字，还可以理解为字母或字符。为此，ASCII 代码是较早被发明的：65 代表 A，66 代表 B，67 代表 C，依此类推。因此，计算机中的一个字节可以代表 256 个数字之一或 256 个字符之一。

但是，由于许多计算需要更大的数字范围，现在将超过 8 个 "位"组合为一个值。先是 16 位（称为一个单词或双字节——表示 65,536 个不同的整数），然后是 32 位，然后是 64 位。当今用于计算的大多数值可以使用 64 位显示。计算机中处理器（计算模块）的结构已相应更改。早期的计算机配备 8 位处理器，也就是说，它们可以同时处理 8 位，而后来出现了 16 位和 32 位计算机，今天的计算机已经具有 64 位结构。这意味着，通常将 64 位组合为一个值，同时可以在一条指令中由处理器进行处理。

千、兆、千兆、万亿：存储容量随其任务规模不断增长

一个字节是 8 "位"，即一个芯片上有 8 个晶体管开关。在二十世纪八十年代初期，第一台计算机的总存储容量以 KB（千字节）为单位，千就代表千位，但是由于二进制系

统的原因，这恰好意味着 1,024 字节。当时家用计算机的容量为 4KB、8KB、16KB、32KB 或 64KB，后来发展为 128KB。在二十世纪八十年代，128KB 还被认为"足以完成所有任务"。然后，第一批硬盘进入市场。一开始，它们可以存储数千个千字节。因为它们存储了数百万个字节，所以其大小以 MB（兆字节）来表示。1MB 大约是 100 万字节。早期硬盘的容量为 5MB、10MB、20MB，随后容量越来越大。几年后，当容量超过了 1,000 MB 的限制时，容量的大小开始以十亿字节（GB）为单位。因此 1 GB 约为 1,000MB。当今大多数计算机的电子内存也处于 GB 的范围内。而今天，大多数硬盘的容量为 TB（太字节、太拉字节）量级。1 TB ≈ 1,000 GB ≈ 100 万 MB ≈ 10 亿 KB ≈ 1 万亿字节 = 8 万亿位。

处理器周期——我的电脑运行有多快？

处理器周期说明了计算机处理单元处理数据的速度。计算机可以在每个周期中精确地处理一条命令，例如更改值、计算值、存储值或从内存中提取值。每秒的循环数以赫兹（Hz）为单位。因此，100 Hz 的处理器可以在一秒钟内执行 100 次算术运算。这听起来很快，但是考虑到当今的计算机，这其实是极其缓慢的。现代计算机的工作速度是数个吉赫兹（GHz），也就是数十亿赫兹。

因此，一台现代计算机可以在一秒钟内完成数十亿次处理。这几乎是难以想象的快。现代的计算机可以每秒进行无数次逐点计算，在屏幕上显示高分辨率图像，并且可以实时进行最复杂的 3D 计算，计算机可以做的事情非常多。通常需要数百万个命令才能计算单张图像并将其显示在屏幕上。尽管如此，现代计算机的处理器还是可以满足这些要求的。

第三章

编程语言 Python

> 当提到 Python 时，人们可能首先想到一条危险的蟒蛇。尽管名称听起来像，但是 Python 与此无关。Python 是现在可用于计算机编程的众多语言之一。在本章中，你将发现为什么 Python 是编程领域中的入门语言。

机器语言——处理器的母语

计算机除执行给定命令外不执行其他操作。一个接一个被执行的命令的列表被称为"程序"。处理器中的各个命令非常简单，例如从存储单元 34567 中获取一个字节到处理器中，或者将处理器内存中当前字节的值加倍，或者将字节发送到图形单元的数据线路上。这些命令本身不是以字词的形式提供给处理器的，而是采用由位和字节组成的数字代码。处理器知道哪个位组合代表哪条指令，然后执行该指令。处理器的这种内部"母语"被称为机器语言。迄今为止，计算机处理器基本上只懂机器语言。

但是，除非在非常罕见的特殊情况下，现在几乎没有人会使用机器语言编程。在这些特殊情况中，必须控制简单、快速的设备或必须扩展操作系统。如果你是普通使用者，希望使用机器语言进行编程，即使仅仅编写在屏幕上写入"Hello"一词的程序，也必须将数百条密码一样的数字命令组合在一起。

因此，在很早以前就已经为开发人员研发出所谓的"高级编程语言"。这些语言比机器语言更容易使用。它们包含一些直接表达计算机应当执行哪些操作的命令（例如在屏幕上写"Hello"，只有一行），然后一条内部程序将这个命令翻译成幕后的上百行，甚至更多行机器语言，以便机器按照程序员想象的那样执行。使用高级编程语言进行编程时，始终涉及两个层级：我们在电脑上输入的更高级的语言在一个层级上，而将命令翻译成机器语言以供电脑操作的解释器在另一个层级上。

解释器和编译器

有两种高级编程语言类型，即解释型语言和编译型语言。

编译器总是首先将整个完成的程序完全翻译成机器语言（称为编译），然后计算机执行整个程序。

著名的编译型语言有 C 和 C++。它们的优点是可以用来编写运行速度非常快的高性能程序。但是它们的缺点是编程要求更高，通常比较无趣。因为程序员必须事先考虑很多具体的数据格式，然后进行计算机的内部处理和数据管理，以便最终创建功能全面的机器程序。每次更改程序时，都必须重新编译整个程序，这使得快速测试变得费力，并且如果程序中有错误，则整个计算机很容易"崩溃"。

编译型语言对于时间敏感的程序、游戏、控制和操作系统的专业编程非常重要。如今，许多专业软件都是用 C++ 编写的。

解释型语言也是非常强大的，并且在许多专业领域中也得到使用。对于解释型语言，程序不必在执行之前进行翻译；相反，管理程序和翻译程序始终在后台同时运行（解释器 = 翻译器或程序引擎），轮到该命令时，翻译并执行该命令，然后继续执行下一条命令。该程序引擎自动负责在后台进行内存分配，或对其进行合理管理、识别、拦截和防止错误。这使程序员的工作更加轻松，并且让他可以专注于基础内容和非常快速、轻松地测试程序。与此同时，这些程序的运行速度稍慢，因为后台始终有一个程序引擎在运行、检查和翻译。但是以当今计算机的速度，在大多数情况下，这几乎无足轻重。

解释型语言更易于学习和使用。因此，它们非常适合作为编程基础进行学习。典型的解释型语言有 BASIC（过去非常流行）、PHP、JavaScript，以及 Python。

介于解释型和编译型之间的语言

此外，还有一些"折中的"语言，它们使用编译器进行预翻译，与此同时程序引擎在后台运行。由此，可以在更轻松使用和更快速执行之间实现折中。Java 和 C# 就属于这类语言。尽管进行了简化，但它们还是更适合高级程序员，纯解释型语言无论如何还是更适合用于学习编程。

Python——简单通用

你已经决定学习如何使用 Python 编程。这是一个很好的选择。无论你想专业地学习编程还是为了娱乐而学习，Python 绝对是正确的入门工具。

- Python 是通用的——这意味着，如果你掌握了该语言及其应用程序，你就可以使用 Python 在所有可能的领域中进行编程，无论是学习程序、图形程序还是在线软件、游戏或机器人控件。而 JavaScript 这种解释型语言只能为网络浏览器编写应用程序，或者使用 PHP 之类的语言创建网络服务器程序，而 Python 几乎可以在任何领域中使用。

- Python 是简单明了的——了解一些 Python 的基本命令和结构后，就可以在各种复杂环境中不断使用。Python 中的程序一目了然，易于阅读和理解，因为它们使用缩进而不是易造成混乱的括号。同时，Python 使用了其他专业编程语言中出现的所有复杂原理。但是使用 Python 时，从一开始理解这些内容就十分容易。正确理解 Python 之后，可以根据需要轻松切换到另一种语言。

- Python 是新式的——这种编程语言比某些传统编程语言年轻多了。它由荷兰计算机程序员吉多·范·罗苏姆（Guido van Rossum）于 1994 年发明，他的意图十分明确，就是希望开发一种全新的、简单易懂的编程语言。Python 极尽清晰明了，它使用尽可能少的命令，并尽可能易于使用。使用 Python，无需过多技术知识你就能学习编程。

喜剧团体

顺便提一句，"Python"并没有像许多人所想的那样与蟒蛇同名，它源自英国喜剧团体"Monty Python"，因为开发者是这一团体的忠实拥护者。如果需要，你可以通过搜索引擎搜索相关信息。Monty Python 在二十世纪七十年代颇具传奇色彩，他们主要为电视节目"Monty Python's Flying Circus"（蒙蒂·派森的飞翔马戏团）制作了非常新颖有趣的短剧。由 Monty Python 主演的电影《布莱恩的一生》（又译《万世魔星》）和《脱线一箩筐》（又译《人生七部曲》）也是广受欢迎的影片。若感兴趣想观看，最好有良好的英语水平，因为影片语言为英语。

现在主要有两个 Python 版本：Python 2 和 Python 3。如今，这两个版本的使用量几乎相同。即使在 Python 3 中对某些内容进行了内部优化，并且一些命令的工作方式也有所不同，但这两个版本的基本原理是相同的，并且大多数程序的工作方式完全相同（有时会有微小变化）。因此，Python 2 仍然被广泛用于许多应用程序中。Python 2 和 Python 3 一样适合学习。

Jython——这是什么？

在本课程中学习 Python 时使用的 Python 引擎被称为 Jython。这是什么意思？

Jython 是由"Java"和"Python"组成的人造词。具体而言，这意味着程序引擎（后台的翻译和管理程序）是用 Java 编写的，而所使用的语言是纯 Python。这有几个优点：由于 Java 几乎可以在所有计算机系统（无论是 Mac、Windows 还是 Linux 系统）上运行，因此 Jython 引擎可以在任何地方使用而不会出现任何问题；我们将要编写的 Python 程序也可以使用 Java 领域中的特殊库和函数。正如我们将看到的那样，这是非常实用的。你不需要额外拥有 Java 知识，因为 Java 仅在后台运行，以执行 Python 命令。

Jython 中使用的语言就是真正的 Python（2.7 版本），这就是我们要学习的东西。无论使用哪种平台，Jython 都可以帮助我们确保从一开始就无需复杂地工作。

TigerJython——你的学习环境

TigerJython 是一个完整的程序包，其中包括 Jython 引擎和我们需要的所有库（你将了解有关库的更多信息），甚至可以将图形和声音用到你自己的程序中。因此，这是一个"包含所有的包裹"，就像已经插入电池的玩具一样。

TigerJython 是由贾卡·阿诺德（Jarka Arnold）、托比亚斯·科恩（Tobias Kohn）、埃吉迪乌斯·普吕斯（Aegidius Plüss）在瑞士开发的，特别适合初学者学习 Python。

TigerJython 可以在几分钟内准备就绪，你可以立即开始。

这就是你将在下一章中所做的！ TigerJython 几乎可以在所有常规计算机上运行，无论是台式机还是笔记本电脑，无论是使用 Windows、Mac 还是 Linux 系统的计算机。TigerJython 甚至可以安装在 Raspberry Pi 微型计算机上。

在平板电脑上如何安装 TigerJython ?

本书中使用的完整版本 TigerJython 不能在装有 iOS 或 Android 的移动设备上运行。这挺合理的，因为我们强烈建议使用带有真实键盘的"真正的计算机"，尤其是在学习编程时，程序员必须在工作中大量打字。

但是，如果你仍然想在平板电脑等移动设备上使用 TigerJython，有一个名为"WebTigerJython"的新项目正在开发中。这意味着 TigerJython 的受限版本可以在每个网络浏览器中运行，无须安装。本书中直到第十一章的示例已经在该系统上完美运行。

你可以在网站上找到有关 WebTigerJython 的最新信息。

## 第四章

安装 TigerJython——易如反掌

> 一些编程系统十分复杂，以至于使用者需要花费数天时间将它们安装在计算机上，对其进行设置，并使它们正常工作。每位程序员都可以讲出自己的故事。但是，TigerJython 就不存在这样的问题。安装和调试只需几分钟——然后你需要的一切就在那里，甚至更多。

现在开始。你可以使用 DVD 光盘中的 TigerJython 安装程序。如果你的电脑没有 DVD 光驱，或者 DVD 光盘不在手边，也可以从网络上快速、免费下载最新版本的 TigerJython。

前往网站 www.tjgroup.ch/download。

在这里，你可以下载相应操作系统的最新版本的 TigerJython。

无论哪种方式，安装都只需要几分钟。你所需要的只是一台装有 Windows 或 Mac 系统的台式电脑或笔记本电脑。你也可以在 Linux 系统上安装 TigerJython，而不会出现任何问题。现在，直接跳到描述如何在你所使用的系统中安装程序的段落。

在 Windows 系统上安装

TigerJython 可用于 32 位或 64 位 Windows 系统。如今，大多数 Windows 计算机都使用 64 位 Windows 系统。如果你不知道自己的 Windows 系统是 32 位的还是 64 位的，那么只需尝试安装 64 位版本即可。如果不起作用，并且收到了报错信息，则请你改为安装 32 位版本。

安装过程十分简单。只需双击文件 TigerJython.msi（适用于 64 位）或文件

TigerJython32.msi（适用于 32 位）。你可以在 DVD 光盘中找到程序或事先下载好程序，并按照说明进行操作。

　　首先，你必须确认要运行该文件，然后会出现英语欢迎语，之后单击 Next（如图 4.1 所示）。

　　然后，你可以选择一个用于安装 TigerJython 的文件夹。如果不确定，只需保留所有默认设置，然后单击 Next（如图 4.2 所示）。

然后只需单击 Install（如图 4.3 所示），即可在你的电脑上安装 TigerJython。

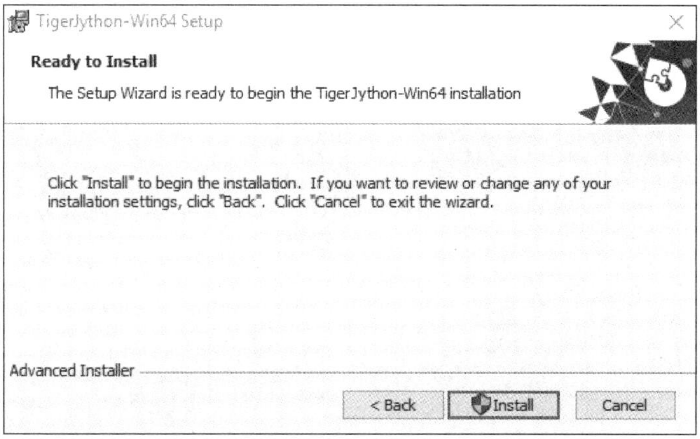

图 4.3：只需单击"Install"即可开始安装

就是这样。最后，单击 Finish，你就可以在设备上使用 TigerJython 了。你会在桌面上找到 TigerJython 图标（如图 4.4 所示），从现在开始，你也可以随时启动 TigerJython。

图 4.4：桌面上的"TigerJython"图标

现在，你可以阅读后续章节了！

在 Mac 系统上安装

在 Mac 系统上安装 TigerJython 一点儿也不困难。

在 DVD 光盘上，你可以找到 TigerJython.dmg 文件。这是一种包含 TigerJython 的镜像文件。（如果你手边没有 DVD 光盘或苹果电脑没有 DVD 光驱，也可以从网络上下载此文件，请参阅上文中"在 Windows 系统上安装"中的链接。）

双击该文件，将显示下图中的内容（如图 4.5 所示）。

在中间，你会找到一个名为 TigerJython 的蓝色文件夹。请用鼠标点击并将其拖到桌面或访达（Finder）中的一个文件夹中，以进行解压（例如在应用程序下）。

复制后，你可以打开它并找到以下内容（如图 4.6 所示）：

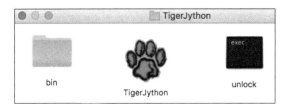

如果你有最新的 Mac 系统（macOS Sierra 或更高版本），则必须使用程序 unlock TigerJython 一次。

为此，请在 unlock 符号上单击鼠标右键（或点击 Ctrl 键 + 单击鼠标），然后选择打开。在下一个窗口中，再次选择打开。然后 TigerJython 将被激活。

首次启动 TigerJython 时，右键单击 TigerJython 符号，然后选择打开。在随后出现的窗口中再次点击打开。程序启动。此后，你可以随时通过双击该图标启动 TigerJython。

为了在未来更容易启动，你可以将 TigerJython 的图标放在菜单栏（Dock 栏）中。从现在开始，你只需要使用鼠标左键单击菜单栏（Dock 栏，如图 4.7 所示）中的图标即可正常启动 TigerJython。

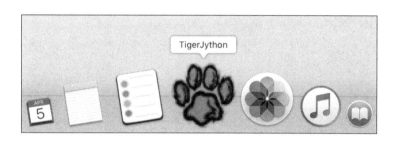

完成安装后，请继续阅读下一章！

在 Linux 系统中安装 TigerJython

即使在装有 Linux 系统的电脑上（例如 Ubuntu、Mint、SuSE、Debian 等），也可以轻松安装和使用 TigerJython。但是，你需要知道自己的计算机是 64 位 Linux 的还是 32 位 Linux 的。两者有不同的安装文件。

为了进行安装，你需要文件 TigerJython.tar.gz，该文件可以从 DVD 光盘中的文件夹 Linux32 或 Linux64 中找到（如图 4.8 所示）。如果没有 DVD 光盘或计算机没有 DVD 驱动器，则可以轻松地从网络上下载文件（可以在 Windows 的安装说明中找到链接）。

双击文件将其解压，然后将文件夹 TigerJython 复制到桌面上或你选择的目录中。已解压的文件夹中会包含图 4.8 中的内容。

现在，你可以随时通过双击文件 TigerJython 启动 TigerJython。你也可以为此创建一个链接，这样未来的启动会非常容易。

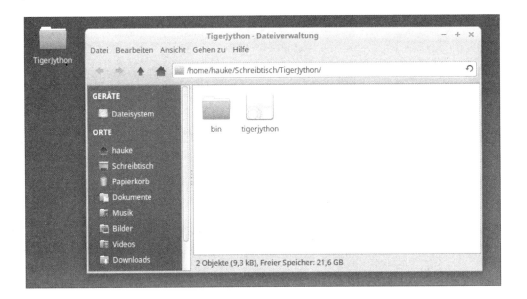

第五章
第一步——与 Python 对话

> 棒极了！Python 已经安装完成——现在我们要学习与系统对话。在控制台（Console）上，你只需向 Python 引擎发送一些命令，你就会发现 Python 完全按照你的指示完成了所有工作！

TigerJython 从此成为我们的"编程系统"或"学习环境"或"程序引擎"——无论我们想称它为什么，我们的 Python 系统都是 TigerJython。

这是启动后的系统外观（如图 5.1 所示）：

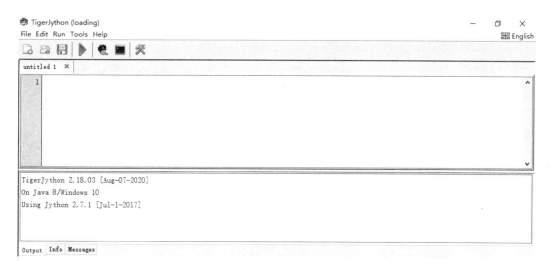

图 5.1　TigerJython 的主界面

白色的大区域是你稍后编写程序的位置。下方较小的窗口是 Python 系统的输出区域。程序在此处输出你编写的内容、消息或报错信息。

在上方的工具栏中，有一些符号可用于创建、保存或打开现有程序，或者进行分析或设置。你很快就会用到其中的大多数功能。

调整语言

TigerJython 通常自动以德语显示。你可以通过菜单上的标签来分辨文件、编辑、执行等。如果未以德语显示，则可以手动更改语言。为此，单击由锤子和扳手构成的设置图标，然后在"Sprache"或"Language"下的第一个下拉菜单中选择德语（Deutsch）或英语（English）。单击"OK"确定，然后一切都变为你选用的语言。

直接命令——控制台

Python 和你，你们现在应该开始互相了解。Python 是为你个人服务的，只要 Python 能理解你要说的内容，它就会执行你告诉它的所有事情。现在让我们开始向 Python 发送单个命令，以便 Python 执行我们的命令。

控制台用于将单独的命令发送到 Python 进行测试。你可以单击黑色屏幕图标（▣）调用控制台。

调用后，会出现一个对话框，你可以在这里向 Python 输入单独的命令，Python 便会立即为你执行（如图 5.2 所示）。

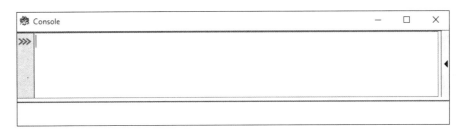

这个窗口由两部分组成。上部在三个红色箭头所在的行可以输入命令，下部是 Python 回应的位置，输出内容或显示通知的位置。

输出数字

开始吧！你将学习的第一个命令是：

`print`

"Print"单词的意思是"打印"。但在 Python 中，它的意思是"输出"，通常仅在屏幕上显示。

在单词 print 后方，还需要输入一些 Python 应当输出的内容。例如一个数字。

只需输入：

然后按下 ⏎ 键（Enter / 回车键），该命令将被执行（如图 5.3 所示）。

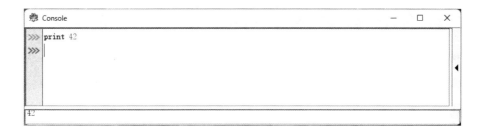

数字 42 出现在下面的输出窗口中。没错，Python 确实执行了你告诉它的操作。print 42 表示："输出（数字）42"。因此，Python 在其输出窗口中输出了数字 42。

很好，程序运作了。但是现在我们当然想要更多的数字。

你可以使用 print 命令在一行中连续输出多个值。为此，请用西文逗号分隔它们：

`print 25,37,12`

得到结果：

```
25  37  12
```

众所周知，计算机首先是"计算器"。因此，让我们在 Python 中进行数学运算。在 Python 中输入以下命令：

print   8 + 5
命令"输出"   数学表达式

然后再按下 ↵ 键，结果显示如下：

```
13
```

当我们将数学表达式（算术问题）交给 Python 时，Python 会自动对其进行计算并直接将结果提供给我们。

空格

  顺便说一句：你可以随时在数字和数学运算符号之间输入空格。使用空格可以让内容更容易阅读，同时并不影响 Python 的运行。

当然，这不仅仅适用于简单的任务。Python 非常擅长算术。输入以下内容：

```
print 12345 * 67890
```

星号始终代表计算机程序中的乘法（乘）。当然也没问题，Python 输出：

```
838102050
```

你可以随时在 Python 中使用所有基础计算类型，此外，还有一些特殊运算符号（如表 5.1 所示）。你也可以在计算中加入括号，以确定首先计算的内容，就像在普通的数学问题中那样。

表 5.1　Python 中的特殊运算符号

运算符号	含义
+	加号（加法）
-	减号（减法）
*	乘号（乘法）
/	除号（除法）
( )	括号
//	整除（除法，只获得整数结果）
%	取余（带有余数的除法，只获得余数的部分）
**	n 次方（乘方）

你需要了解这些基本的运算类型，但是这里也有一些其他的特殊性。我们马上尝试。

只需输入：

```
print 15 / 6
```

结果是正确的：

```
2.5
```

使用小数点

和其他所有的编程语言一样，在 Python 中，十进制小数点始终以西文的点表示。这是国际（美式英语）通用表示法，实际上编程语言中都是这样使用的。

现在输入以下内容：

```
print 15 // 6
```

结果为：

```
2
```

为什么？因为使用了算术运算符 //，也就是说，Python 仅使用整数完成计算。也可以将其称为"除法的整数结果"：这就像有余数的除法，只是没有余数。例如，15 除以 6 等于 2，还有余数。

警告

运算符号 / 和 // 原本源自 Python 3，在 Python 2.7 中通常并不这样运行，但是在 TigerJython 中可以使用。这是 Jython 的一个特点。

我们当然可以计算得出余数。

```
print 15 % 6
```

现在，结果为：

```
3
```

15 除以 6 就是有余数的除法。这也称为取模运算，它是使用百分号计算的，但与百分比计算无关!

计算中使用的括号与数学课程中的括号相同：

```
print 3 + 5 * 7
```

得到结果：

```
38
```

非常清楚，先算乘法，再算加法 3 + 35。但是，

```
print (3 + 5) * 7
```

得到：

```
56
```

括号内的内容优先计算，由此得到 8*7。符合这个逻辑，是不是？

当你使用 Python 进行乘方运算（也就是求一个数的几次方）时，你可以快速得到非常大的结果。这就显示出了 Python 的强大功能——可以轻松处理巨大的数字。

```
print 25 ** 37
```

双星符号代表乘方运算，即 25 的 37 次方（25 乘以自身 37 次）。

结果是：

```
529395592033937711917701562924776226268211975009765625
```

哇——这可是一个非常大的数字呀！普通的小计算器可没法显示出这么多位，但是对 Python 而言根本没有问题。

现在轮到你了，向 Python 提出任务！试试看，将 Python 用作强大的计算器。请你想出几个任务，使用列表中的算术符号完成它们，并观察 Python 如何完成任务。

"句法"必须正确

也许在此过程中会出现报错信息。Python 只能识别、计算正确书写的表达式，由此才能解决问题。

示例：

在按下两次 ⏎ 键后，显示以下文本：

```
SyntaxError: There is a closing bracket or parenthesis missing:
')'（缺少右括号 ')'）
```

这就是著名的 SyntaxError，句法指的是正确书写命令或者在编程中正确表达。

SyntaxError 表达的意思是"在编程代码中有些内容写错了"。

以后，你肯定会更加频繁地处理这类错误。如果你很幸运，Python 可以直接确定问题的可能原因并告诉你。此处显示为"缺少右括号"，也就是缺少括号的后半部分，因此 Python 无法计算该表达式。

如果 Python 无法猜测出你试图编写的内容，只是知道它无法以这种方式工作，那么 Python 便无法找出问题所在。但是随着经验的增加，你很快就会发现自己容易犯的错误，或者从一开始就避免犯错。

用字符串替代数字

计算机首先是计算器，但是它们当然不仅可以处理数字和数学表达式，还可以处理更多的内容。除了数字类型，字符串类型对输入和输出也非常重要。

字符串，英文是 Strings，通常是单词或文本。严格来说，顾名思义，它们只是任何形式的"彼此相连的字符"，Python 可以像处理数字那样自信地处理这些字符。如果要使用字符串而不是数字，则必须始终将这些字符放在西文引号中。然后，两个西文引号之间的所有内容都属于此字符串。

你来写个例子，

print	"Hello"
命令"输出"	西文引号中的字符串

然后 Python 输出：

```
Hello
```

因此，Python 在这里输出了一个单词，而不再是数字。这就是一个字符串，在这个例子中是"Hello"。

如果一串数字也需要作为字符串，那么把它们放在引号中，它们就可以成为字符串。

```
print "5 + 3"
```

得到结果：

```
5 + 3
```

Python 不会对此表达式进行计算，得出数字，因为它们被引号包围起来，是
String，即一个字符串。因此，Python 又将这个算式重新输出。

当然，你不能像处理数字一样对字符串进行算术运算，但是你仍然可以对它们进
行很多操作，我们将在后面介绍。这是一个简单的例子：

```
print        "Hello "+"Python"+"!"
```

命令"输出"　　　　　　　　　　西文引号中的字符串

现在，Python 回答：

```
Hello Python!
```

注意：加号不代表加法

加号 (+) 用在字符号中和用在数字中的含义不太一样。此处的意思是"连接在一
起"。使用加号，人们可以将两个或多个字符串合并为一个字符串。

星号（＊）也可以用在字符串的处理中。在此进行测试：

```
print 5 * "Hello "
```

结果：

```
Hello Hello Hello Hello Hello
```

使用星号连接字符串（乘以字符串）时，字符串的数量会倍增。

如果输入以下内容，会发生什么：

```
print "5 * 3 =" + 5*3
```

不起作用。这里有一个错误！

为什么？因为第一个表达式的类型为 String（字符串），第二个表达式的类型为数字（一种数学表达式）。Python 不能用加号连接两个不同的类型。它也不知道应该怎么处理。要么是两个数字，它们会相加；要么是两个字符串，它们会连接在一起。两个不同的类型同时出现是不行的。

为了解决这个问题，可以将数字转换为字符串。我们稍后学习具体的操作方法。或者，最简单地，在 print 命令中一个接一个地输出两个表达式。方法是使用西文逗号分隔。使用不同类型的值都可以像这样操作：

```
print              "5 * 3 =" , 5*3
```

命令"输出"　　　　　　　使用西文逗号分隔数值

这就成功了：

```
5 * 3 = 15
```

这就没有问题了，因为 Python 可以简单地一个接一个地输出两个不同的表达式，而无须将它们连接在一起。在任意一个 print 命令中，可以在一行内使用西文逗号分隔许多表达式、字符串、数值和变量。

自动空格

注意，当你输出多个值使用西文逗号分隔时，Python 总是自动在它们之间放置一个空格。

现在，你已经获得了一些非常重要的基础知识，如何使用 Python 计算数学表达式，以及如何处理字符串。在下一章中，我们将做更多的事情。马上就会更加有趣，因为要添加变量了。

每台计算机不仅有计算器，更重要的是，还有一个可以临时存储数据的内存。编程时，我们借助变量使用此内存。只有这样，才能真正有意义地处理数据，否则每个值和每个结果都将在程序中被预先确定。

你还记得这个比喻吗？计算机是一个坐在办公桌前，不断从小抽屉中取出数据，处理后再将数据放回这些抽屉的工作人员。我们马上就要开始使用这些抽屉了。

这就是所谓的变量，在每种编程语言中都发挥着极其重要的作用。

变量表示"可更改的"——变量是一个可变动的数字、一个可变动的字符串或其他数据值的占位符。变量就像可以在其中放入值的抽屉。该抽屉带有标签，以便你始终知道其中的内容。标签是变量名，可以使用它访问其内容。

理论已经够了。实践是怎样的？

我们还是在控制台中输入以下命令：

a	=	25
变量名	分配	值

在输出窗口什么都没有发生，因为我们没有给出输出命令。现在的命令 a = 25 只是告诉 Python：

将数字 25 存储在名为 a 的变量中。

记住

如果我们指定一个变量名，后面跟着一个等号，然后是一个数字表达式或一个字符串，则此值将被写入变量中。如果该变量尚不存在，它将自动创建。

现在有一个类似抽屉的东西，它的标签为 a，数字 25 就在这个抽屉里。

Python 在对话框中用消息 a:25 确认这一点。这意味着：从现在开始，a 代表数字 25。

现在，在控制台中输入以下内容：

```
print                       a
```

命令"输出"   变量

结果：

```
25
```

现在，每当我们将 a 用到命令中，Python 都会知道我们指的是变量 a 中的值。

现在，你可以使用变量来计算，和直接使用数值 25 计算一样。

```
print a + 10
```

得到结果：

```
35
```

变量及其数值

变量在你为它赋值时得以创建。如果我写入 a = 1，那么我创建了一个变量 a，其内容为数值 1。如果以后再给变量赋一个不同的值，例如 a = 12.5，则现有变量 a 的值会更改，并且不会创建新变量。

在程序中，你只能使用已经提前创建并指定数值的变量进行计算或输出。你从未赋值的变量不存在。你可以在控制台中简单尝试。请输入：

```
print b
```

结果是一条报错信息：

```
The Name 'b' is not defined or misspelled.
```
（名称"b"未定义或拼写错误。）

没有使用该名称的变量或函数。

不能输出 b，因为 b 不存在。符合逻辑，是不是？

只有当你写入 b = 125（或其他数值）时，变量 b 才存在，然后你才可以将其用于计算或输出。

变量名

当然，变量的名字可以是 a、b 或 c。它们可以是任意名字，比如 inputnumber、speed 或 myResulthaben。在编程中，可以提示我们变量用途的变量名称会起到很大帮助。

尽管如此，如何命名变量也有明确的规则，这有助于 Python 始终能够清楚地识别出变量。

- 变量名称可以由小写和大写字母以及数字组成，但是必须以字母开头。请注意，大写字母和小写字母之间真的有所差别，变量名称不能有时写成大写，有时写作小写。大小写不一致的变量名称是两个不同的名称。
- 基本上，Python 中普通的变量名称都是小写字母，使用下划线替代空格。这并不是必须做的，但是在 Python 中，应当保持程序对他人而言也是容易阅读的。
- 变量名称不能包含任何特殊字符，比如德语变音符号或空格，实际上仅能使用国际字母和数字，而下划线"_"是个例外。
- 如果你想使用包含两个单词的名称命名变量，则可以使用下划线代替空格，这称为 snake_case 格式，也可以使用大写字母分隔。这意味着 camelCase 格式（第一个单词首字母小写和第二个单词首字母大写）。CapWords 格式——第一个和第二个单词的首字母均使用大写字母，而不能使用空格分隔。在 TigerJython 中，经常使用 camelCase 格式给变量起名。我们也在特殊情况中这么做，否则就遵循 Python 的建议使用 snake_case 格式。

变量名示例（如表 6.1 所示）：

表 6.1　Python 中的变量名

x	允许
Y	允许使用大写字母（不常见，常量除外）
hello	允许
value3	允许
5subject	严禁使用，因为首位是数字
länge	严禁使用，不允许使用特殊符号 ä
width of the rectangles	严禁使用，在名字中不能出现空格
length_square	允许并推荐——在 Python 中，推荐使用下划线分隔变量名和函数名中的单词（snake_case 格式）
keyPressed	允许，并且可以经常在 TigerJython 中使用（camelCase 格式）
GraphicObject	允许——你稍后会使用类似 CapWords 格式的名字用于类名

现在你知道应该如何命名变量了。接下来要学习如何使用。

在 Python 中，允许变量包含数字或字符串。例如：

```
firstname = "Erwin"
```

然后输入：

```
print "Hello "+firstname + "!"
```

输出为：

```
Hello Erwin!
```

或另一个例子。依次输入以下三行：

```
value = 21

double_value = value * 2

print "Double of",value,"is", double_value
```

完成最后一行之后，你将获得输出：

```
Double of 21 is 42
```

在第一个命令中，将数字 21 放在名为 value 的变量中。然后为变量 double_value 分配了表达式 value * 2。由此，数字 42 就在变量中，因为 Python 会立即计算每个表达式。然后，我们输出了变量 double_value，在其前方还有文本"Double of is"。由此 Python 输出了正确的结果。

这已经接近真正的程序了——只是我们直接一条接一条地输入了命令。我们现在离正式编程不远了！

尽管如此，仍然缺少一个可以真正更改变量，并且从一开始就没有预设的方法。我们必须可以在程序运行时，直接输入，并且这不会通过程序提前确定。

为此，我们使用 input 命令。

"input"命令——输入数值处理

这种情况我们应当如何做？想要告诉 Python，我不想使用：

x=5

而是希望：

x= 一个用户输入的数字？

这正是 input 命令的作用。使用这条命令，TigerJython 会打开一个小对话框，并询问输入一个值，然后将这个数值写入指定变量。（在标准 Python 中，这个小窗口并不存在，输入数值在下面的输出控制台中进行。）

在控制台中输入：

```
x = input("Enter a number!")
```

会发生这种情况（如图 6.1 所示）：

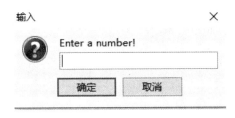

按照如下内容使用 input 命令：

```
variable = input("Text in the window")
```

此命令将打开一个带有一小段文本（input 后方括号中的内容）和输入行的内窗口。如果现在在此输入行中写入内容，然后按 ⏎ 键，则输入的值会被写入变量中。

在我们的示例中，如果你输入数字 235，然后再输入命令：

```
print x
```

那么结果自然就是：

235

"msgDlg(value)" —— 同时使用弹窗进行输出

顺便说一句，在 TigerJython 中，你也可以为输出数值使用一个和 input 命令一样的弹窗。直接使用 msgDlg(value) 这个命令就行（将需要输出的内容输入到括号中）。这将打开一个显示数字或文本的输出窗口，其中带有类似 input 命令中的数字或文本，但你不能在此处输入值。仅当单击"OK"时，该命令才完成。msgDlg 的意思是 Message Dialog（也就是消息窗口）。

例如，使用 msgDlg("Hello") 命令可以打开一个有"Hello"文本的窗口。（此命令只用于 TigerJython。在标准 Python 中你无法找到这一功能。）

现在，你知道的内容已经足够编写自己的第一个真正的程序了。是时候了。你可以告别控制台了！

## 第七章

编写程序——开始吧！

> 现在，我们已经在控制台上花费了足够的时间进行测试。程序员当然想编程。而我们已经拥有了最重要的基础知识。这样就可以开始了。

到目前为止，我们已经为 Python 输入过单独的命令了，但是命令还不能被称为程序。程序由许多命令组成，只有当我们将几个命令组合到指令列表中，我们才能拥有一个程序。

让我们简要总结一下，我们已经知道哪些指令了：

- input 命令，你可以将用户的输入写入一个变量。
- 变量赋值，你可以将数字或字符串写入变量。
- 使用数学运算符计算数值或连接字符串。
- print 命令可在输出区域中输出值或变量值，以及 msgDlg 命令可在弹窗中显示值。

基本上，这就是四种类型的指令，你可以用它们做很多事情。因为有了它们，你可以完成计算机程序中最重要的基本组成部分：数据输入、数据处理、结果输出。

在 TigerJython 中输入一个程序

现在，可以关闭控制台。稍后你还需要使用它进行测试，但是从现在开始，我们的工作区域是 TigerJython 的主窗口（如图 7.1 所示）。

图7.1 从现在开始，你将在白色的大区域中输入程序

从现在开始，你将在白色的大区域中依次输入程序的各个指令。按下 ←┘ 键，你会移动到下一行，但是命令不会像在控制台中那样直接执行。

仅当程序完成或需要测试时，才通过单击绿色三角形 ▶ 启动程序。

然后从上到下逐行运行命令。这意味着：运行一个程序。

第一个程序：猜数字

为了热身，第一个程序由一系列输出组成。这里不使用变量，不输入值，仅输出文本。例如，可以使用一连串 msgDlg 命令

（在窗口中输出文本作为消息。）仅显示文本，然后单击 "OK"，再次消失。

将以下程序输入到程序窗口中（如图 7.2 所示）：

```
msgDlg("Think of any number between one and ten!")
msgDlg("Multiply the number by 5.")
msgDlg("Double the number.")
msgDlg("Divide the number by the number you came up with at the
beginning.")
```

```
msgDlg("Subtract 7 from the current number.")
msgDlg("I'll tell you now, what number you have written.It is ...")
msgDlg("THREE!")
```

建议：输入书中的程序

我建议你先复制书中的程序，尤其是在一开始的时候。这将使你逐渐了解如何独自正确使用命令和结构。但是，如果你想快速测试程序，或者在复制的程序中找不到错误，则该书中的所有程序都可以在"本书材料"中找到 html 文件。你可以直接从文件中复制粘贴到 TigerJython 中。

这些材料可以从以下网页中找到：

https://www.rheinwerk-verlag.de/4716/

在这里，你可以选择本书材料。

此外，我为本书制作的网站提供了最新的脚本文本、其他提示、链接、可能进行的修正以及解释：

www.letscode-python.de

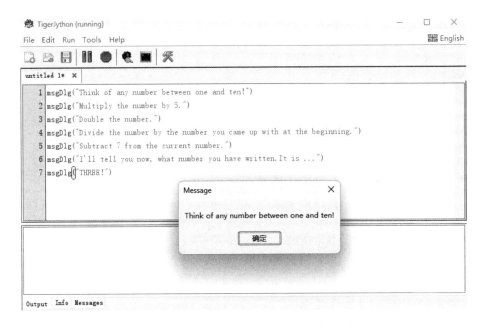

如果你的计算正确,那么这个猜数字的小把戏就成功了,最后就是"THREE!"。这个小把戏很容易理解,但更重要的是你编写了第一个能运行的 Python 程序!

Python 会逐步执行指令,从最上面的一行开始,逐行进行。msgDlg 命令仅在用户单击"OK"时才会结束,然后执行下一个命令。这样就会与向你发送信息的程序展开对话。

在完成热身练习之后,就开始执行第一个包含三个重要基本要素的"真正的"程序:输入、处理、输出。

第二个程序:换算器

任务如下:你想编写一个程序,将输入的以英寸(inch)为单位的长度(例如屏幕尺寸),转换为以厘米(cm)为单位的长度并输出结果。

这样的程序必须采取哪些步骤?

- 步骤 1:输入以英寸为单位的长度,并将其保存在变量中,可以使用名称 length_inch。
- 步骤 2:计算以厘米为单位的长度,并将结果保存在变量中,可以使用名称 length_cm。(1 英寸 = 2.54 厘米)
- 步骤 3:输出结果(length_cm)和说明文字。

当然,这些步骤中的每一步都必须在 Python 中正确表述。你能一个人完成吗?

如果不行,这里有一份可行的解决方案:

```
length_inch = input ("Please enter length in inch:")
length_cm = length_inch * 2.54
print "Result:", length_cm , "centimeter"
```

三行就够了。在第一行中,使用 input 命令输入一个数字(例如 54),并将其保存在变量 length_inch 里面。

在第二行中,计算 length_inch * 2.54(这是从英寸转换为厘米的换算公式),并将结果保存在变量 length_cm 中。

在第三行中，输出 Result:，然后是变量 length_cm 中计算出的数值，然后是 centimeter。

尝试一下，单击绿色三角形，程序将运行（如图 7.3 所示）。

运行成功了吗?

恭喜你！你编写了第一个经典程序！

如果你做得还不错，那么你可以自己动手改动程序吗？比如将米转化为英尺（1 米 = 3.2808 英尺），或者将速度节转化为千米每小时（1 节 = 1.852 千米每小时），或者把小时换算为秒（1 小时 = 3600 秒），或者尝试你自己独特的想法。

任务

修改程序，使它可以转换其他由你确定的单位。调整计算和文本（最好同时调整变量名称）。测试并检查，看看程序是否运行。

保存程序

每个人都希望保留可以正常运行的程序。因此,当程序完成时(或在制作过程中)你可以保存你已经输入的每个程序。这样你就不会再失去程序,并且可以随时重新调用、使用或更改程序。

建议:创建一个 Python 文件夹!

我建议,你可以在硬盘上创建一个文件夹,以后可以在其中保存所有的 Python 程序。这样做可以保持整齐有序,并且你可以始终知道在哪里找到 Python 程序。例如,该文件夹可以被命名为 Python 程序,并且可以在文档目录中创建。重要的是,你必须在一个个人目录中创建它,以便你可以无限制地访问它。

保存是非常容易的。

在 TigerJython 菜单中,只需选择"另存为"(Save as...)。

现在,你必须选择自己创建的 Python 目录,为程序指定一个简短、合适的名称"另存为",然后单击 save (如图 7.4 所示)。

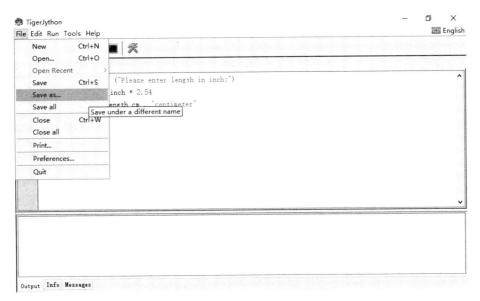

图7.4 使用"另存为"(Save as...)首次保存程序

如果需要稍后编辑程序，然后重新保存，则按下快捷键"Ctrl+S"（或者在苹果电脑上使用"cmd+S"），程序将再次以现有名称保存。

你可以通过选择菜单中的 Open file（或"Ctrl+O"或"cmd+O"），选择所需的 Python 程序，然后单击 Open。

输入、处理、输出——这次是文本

如你所知，Python 不仅可以处理数字，还可以处理文本（字符串）。在下一个示例中，我们将尝试把文本和问候语连接在一起。我们已经在控制台上对其进行了测试，现在它变成了只有两行的真正的小程序：

```
name = input("What is your name?")
print "nice to meet you, " + name + "!"
```

在开始前，你能从中看出代码将做什么吗？能吧？单击绿色箭头试试，看看你的猜测是否正确。

另一个例子，这次使用"文本乘法"：

```
name = input("What is your name?")
number = input("How often should I greet you?")
print("Hello "+name+"! ")*number
```

你能确定程序将执行哪些操作吗？

首先，需要再次输入你的姓名，并将其保存在变量 name 中。然后输入一个数字，并将其保存在变量 number 中。

最后，将"Hello"、输入的名字以及一个感叹号和空格连接在一起，再使整个内容（就是括号中的内容）翻倍，即内容会连续出现很多次，出现的次数与 number 中的数字一样多。

尝试一下！

你也可以输入 100 甚至 1000。然后，你就会在很长的一段时间内，在输出窗口中收到许多问候（如图 7.5 所示）。

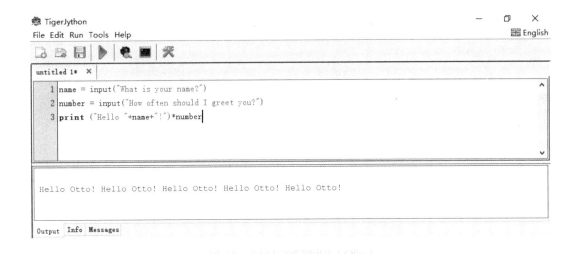

顺便说一句,如果你不希望自己的名字和其他内容彼此相连地显示,而是显示在下方,则必须按以下内容更改输出行:

```
print ("Hello "+name+"!"+"\n")*number
```

在名称后附加 "\n","\n" 是控制字符,代表 "New line",即 "另起一行"。

现在,你已经可以用已经知道的内容做出自己的小程序了。你可以想一想,然后尝试一下。不断尝试总能让人学到更多知识!

有余数的计算器

另外还有一个小例子,就是计算器。普通的小计算器可以完成所有事情,但在大多数情况下,它不能进行有余数的除法,而是会自动计算出小数部分。而在控制台上,可以看到,通过 Python,我们能轻松获得整数和余数。让我们来编写一个小程序。

程序必须完成什么工作?

▨ 输入被除数(g)

▨ 输入除数(t)

▨ 计算整数结果(e)

■ 计算余数（r）

■ 输出结果和余数

你还记得如何在 Python 中执行此操作吗？如果你想在 Python 中有所成就，那我推荐你每次先尝试自己编写程序，然后再查看和键入书中的建议答案。请查阅第五章了解整除和带有余数的除法。

以下是编写这样一段程序的建议：

```
g = input("What is the basic number?")
t = input("What number should it be divided by?")
e = g // t
r = g % t
print "The result is", e ,"and the remainder is", r
```

首先输入被除数并将其保存在变量 g 中，然后将除数保存在变量 t 中，接着使用运算符 // 获得整数结果并将结果保存在变量 e 中，余数通过使用运算符 % 得出，并保存在变量 r 中。然后，将结果（e 和 r）使用 print 命令输出（如图 7.6 所示）。

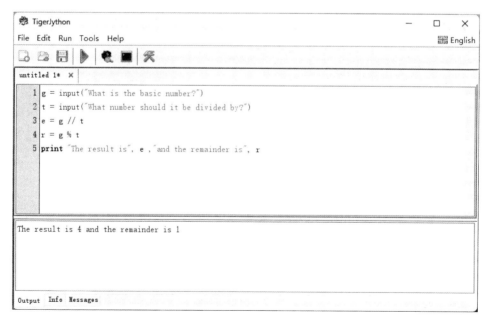

所有带有公式的内容都可以直接转换成一个规整的程序。然后 Python 只需进行计算，而你只需要输入初始值即可获得最终结果。在我们的日常生活中，计算无处不在，因此它的应用领域也是无穷无尽的。某人以某速度行驶花费的时间，知道墙壁尺寸计算墙壁的面积，具有一定分辨率的屏幕上的像素数量，一定金额的增值税额，等等。你必须反复计算某内容时，让我们编写一个简短的 Python 程序吧。

幻方

最后，本章还有另一个很酷的项目：幻方。

你知道幻方吗？如图 7.7 所示，这是一个由 16 个方格以"4×4"形式排布成的正方形，每个方格中都有一个数字。水平的一行中、垂直的一列中以及两条对角线上的数字，它们的和完全相同。幻方内部，每个"2×2"的方格中，数字的和，以及四个角上数字的和也相同。

这是一个示例（如图 7.7 所示）。

2	1	12	7
11	8	1	2
5	10	3	4
4	3	6	9

图 7.7　和为 22 的简单幻方

你试试将每一行、每一列以及两个对角线上的数字相加，和始终为 22。组成这一个大正方形的四个小正方形，以及大正方形中心的小正方形中的数字和也相同。即使你将四个角上的数字相加，你也会得到 22。总之，你会以不同的方式计算得出 18 个 22。神奇吧？

如果我们用 Python 创建这样一个正方形，用其他数字替换图中的数字，我们需要做什么？当然，你可以使用一个公式来计算幻方中的单个数字。你可以使用搜索引擎查找公式，使用搜索引擎你几乎可以找到所有内容。所以我们不必自己思考公式，只需要在程序中正确应用它们即可。

这样创建一个幻方：我们定义两个整数，分别称为 a 和 b；无论哪个，都必须至少为 1 或更大的数字；现在，我们可以使用以下公式计算正方形中的内容。魔法要开始起作用了（如图 7.8 所示）。

a+b	a	12*a	7*a
11*a	8*a	b	2*a
5*a	10*a	3*a	3*a+b
4*a	2*a+b	6*a	9*a

图 7.8 魔法幻方的行、单元的计算公式，a 和 b 是大于 0 的自然整数

还有另一个公式：当为 a 和 b 指定数字后，第一行或列的数字之和将通过公式 "21*a+b" 计算得出。

我们不需要知道更多内容了。现在，我们可以编写一个程序，在确定 a 和 b 后，以四排命令，输出计算出的幻方中全部 16 个数字。我们需要打字输入：

```
a = input("Enter a value for a:")
b = input("Enter a value for b:")
print "The sum of all rows, columns and squares is:",a*21+b
# 输出幻方:
print "-------------------------------------------------"
print a+b,a,12*a,7*a
print 11*a,8*a,b,2*a
print 5*a,10*a,3*a,3*a+b
print 4*a,2*a+b,6*a,9*a
print "-------------------------------------------------"
```

首先输入 a（任意不为 0 的整数），然后输入 b（也是任意不为 0 的整数），然后 Python 首先计算幻方各组数字之和（使用公式 a*21+b）并输出数值，然后根据我们的公式计算所有方格中的数字，并按照四行将其输出。虚线仅在输出期间用作概览，并标记数字的起始和结束。

代码中带有 " # " 的注释

顺便说一句，代码中的第四行是注释行：你可以随时将注释插入任何 Python 程序中，既可以是单独一行，也可以直接跟在命令之后。它们始终以 " # " 号开头，并在行的末尾结束。执行程序时，注释会被忽略。它们仅用于为程序添加解释和说明。

首先尝试为 a 和 b 分别输入数字 1。然后上面显示的幻方的和恰好都是 22（如图 7.9 所示）。如果不是，则你的程序中的某处肯定存在错误。

现在你可以测试任意数值。数字可能会很大，你可能无法用大脑进行运算。但是，如果正确输入了程序，就可以确保幻方正常工作。

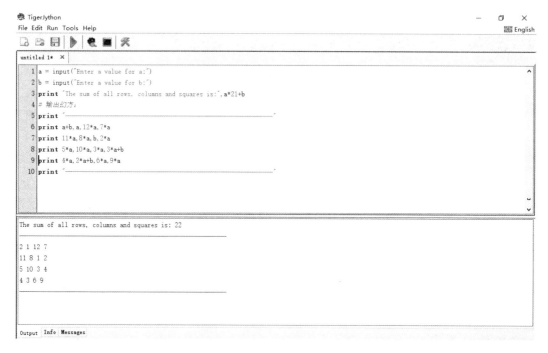

变量：幻方的固定和

现在，我们想要再向前迈进一小步。如何创建一个有确定和的幻方？例如，你可以问一个年龄超过 21 岁的人的年龄，并为其年龄创建一个个性化的幻方。那会多令人印象深刻啊！

我们应该如何修改程序？

对于此变量，不再输入 a 和 b 的数值，仅输入所需的和。根据和，现在应该计算 a 和 b。程序的其余部分保持不变（数字的输出部分）。该和必须大于 21，因为 22 是最小的 4×4 幻方的和。

如果和为 "21*a+b" 加 b，那么你也可以使用 a，从给定的和中确定 b。如果你擅长数学，那么你可能会自己发现，如果发现不了，让我来告诉你：

- a 是总数除以 21 的结果（作为整数部分）
- b 是将总数除以 21 后所得的余数。

之前，我们已经在计算机中完成了类似的工作，计算得出余数。因此公式是相同的：

- a = sum//21（带双斜杠的整数除法）
- b = sum%21（用百分号算出余数）

警告

此方法不适用于 21 的倍数——不适合 21、42、63、84……，因为第二个数字在这些情况中为 0。这些情况可以在程序中单独处理，但为了简单起见，我们暂时不考虑这部分。

这就是我们更改后的程序：

```python
sum = input("Enter a sum (over 21):")
# 计算 a 和 b:
a = sum // 21
b = sum % 21
# 输出幻方:
print "--------------------------------------------------"
print a+b,a,12*a,7*a
print 11*a,8*a,b,2*a
print 5*a,10*a,3*a,3*a+b
print 4*a,2*a+b,6*a,9*a
print "--------------------------------------------------"
```

现在，你可以输入（几乎）任何你想到的从 22 到无穷大的和，Python 会为你计算出一个有效的幻方（如图 7.10 所示）！

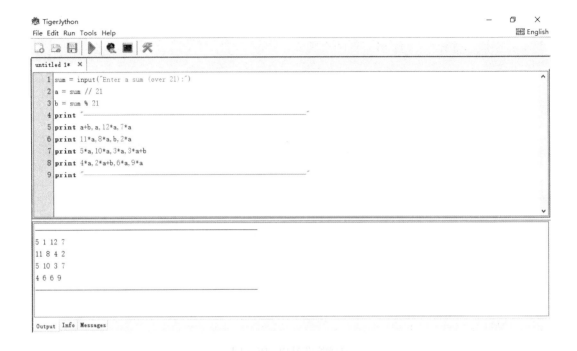

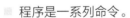

総结

- 程序是一系列命令。

- 大多数程序由数据输入、数据处理（计算）和数据输出组成。

- 启动程序时，Python 从上到下依次执行列表中的每条命令。处理完一条命令后，接着处理下一条。

- 变量用于临时存储值和字符串。人们使用变量时，使用的就是变量的内容。

- 如果你知道该公式，则可以为每个计算编写一个程序，无论简单还是复杂，都可以简化所需值的计算。

- 你可以在每个程序中插入注释，以使程序更易于理解。注释始终以" # "号开头，并在行的结尾处结束。

## 第八章

条件——当……时，会发生什么

> 到目前为止，我们一直在编写线性程序流程，即从上到下为一行接一行运行的程序。现在出现了一些附加结构。Python 还可以对条件做出反应，并且仅根据结果执行某些命令或跳过命令。

我们已经了解到，程序是一个命令序列，一条命令接一条命令地运行。例如，首先输入数据，然后计算数据，最后输出结果。这是绝对正确的，但这些还不是全部。在本章和下一章中，我们将发现程序也可以包含不同的结构。

这意味着什么？

这意味着程序的某些部分，只有在确实需要时，才可以在特定条件下执行。或者，根据输入的数据，计算结果会有所不同。

让我们举个例子：你想确定从 A 点到 B 点需要多长时间。你可以告诉程序路线有几公里，以及你是步行的还是骑自行车的。

根据你是步行的还是骑自行车的，Python 必须进行不同的计算，得出需要花费多长时间，毕竟骑自行车的人比步行的人更快。

Python 必须区分两种不同的情况，并根据情况或条件，执行不同的计算。

不同情况之间的区别就是程序结构，被称为 if 结构（如果－那么）。

因此，程序必须执行以下操作：

如果步行（km 代表路线长度），那么：

　　计算的时间 ＝（km ／ 5）小时。

如果骑自行车，那么：

　　计算的时间 ＝（km ／ 15）小时。

（如果你是非常快的自行车骑手或行人，请随意使用更高的值。）

我们如何在 Python 中查询这样的条件并区分不同的情况？

Python 中的 "if" 查询

我们开始输入数据。首先是我们储存在变量 km 中的路线长度，然后是交通方式（vm）——选择 1 步行还是 2 骑自行车。

```
km = input("How long is the route in km?")
vm = input("On foot (1) or bike (2)?")
```

现在，Python 必须区分：如果 vm 等于 1（步行），那么使用 5 km/h 计算时长，如果 vm 等于 2，则使用 15 km/h 计算时长。

在 Python 中，使用 if 命令进行区分。我们首先查询第一种情况：

```
if vm == 1:
```

这里有两点引人注意。第一个是使用两个连在一起的等号，第二个是末端的冒号，

为什么是两个等号？

这是因为在 Python 中，单独一个等号已经被占用，表示分配。a = 5 表示将数值 5 写入变量 a，并且不比较 a 和 5。

如果我想比较两个值，则必须在 Python 中另做标记。因此，此处使用了两个等号。

注意：

如果你要在 if 命令中比较两个数值，那么你必须始终使用双等号！

第二个吸引人注意的符号是冒号。它说明下一行（或下方数行）也属于此命令。if 命令永远不会独立运行；如果满足条件，它将始终执行要执行的操作。

当你将

```
if vm == 1:
```

输入编程窗口并按下⏎键，那些下一行将自动向右缩进。这表明它属于 if 命令。输入后，整体如下：

```
if vm == 1:
    hours = km / 5
```

这意味着：如果采用第 1 种交通工具（步行），那么计算时间时使用 5km/h。

向右缩进的行是设定条件的行。只有上方的 if 条件为真（True），才会执行这一行。否则，根据 if 命令缩进的部分会被完全跳过。

如果你在缩进的行后面重新按下⏎键，那么下一行也会重新缩进。因此，你现在可以编写更多命令，所有命令仅在条件 vm == 1 为真（True）时才执行。

但是，当操作完成，且 if 查询结束时，你按下←键（退格键）一次，行首会重新向左。现在，if 命令结束，程序重新正常运行。

注意：缩进

程序中属于条件的部分，仅当条件为真时才执行，在 Python 中始终将其作为向右缩进的部分。这是 Python 的一个特点。你必须注意，属于一个部分的行总是有相同的缩进，否则 Python 就会输出一个错误。

然后，就可以开始第二个查询。如果骑自行车，那么按照 15 km/h 计算。或者在 Python 中：

如果……
```
if vm == 2:
```

……，那么
设置……
```
    hours = km / 15
```

然后，使用←键返回到左侧并继续输入程序。

现在，计算变量 hours，轮到输出命令了，非常普通：

```
print "It lasts",hours,"Hours."
```

该程序现在整体如下：

输入变量 km	`km = input("How long is the route in km?")`
输入 vm 交通工具（1或2）	`vm = input ("On foot (1) or bike (2)?")`
如果……	`if vm == 1:`
……，那么执行这一部分……	`# 计算步行：`
……以及这部分……	`hours = km / 5`
并且如果……	`if vm == 2:`
……执行这部分……	`# 计算骑车：`
……以及这部分。	`hours = km / 15`
然后，在任何情况下：	`print "It lasts",hours,"Hours."`

缩进可以清楚地显示出哪些命令仅在一种情况下执行，以及不符合该条件时，在哪里继续执行。这就是 Python 的优点，使用这种结构，程序始终非常清晰易懂。

用不同的数值和交通方式尝试一下。

你可能很快就会遇到问题：如果你不输入 1 或 2，会怎样？例如输入 0 或 3，或"xy"，或什么都不输入。

然后程序终止，并且报错。

The Name 'hours' is not defined or misspelled.(名称"hours"未定义或拼写错误。)

没有使用该名称的变量或函数。

显然，如果 vm 不为 1，并且 vm 也不为 2，则两个计算均不执行；它们两个都被跳过，并且变量 hours 没有分配值。变量 hours 根本就不存在。这就存在错误，因为不存在的变量无法输出。

你能为此做些什么？

你几乎无法查询每个可以想到的数字或其他输入。谁知道用户会输入什么……为此，你必须有一种方法来检查，是否输入了"其他内容"，而不是你所要求的内容。

带有"else"的"if"

可以在 if 命令之后使用 else。else 的含义类似于"其他"或"否则"。这正是我们这里所需的。

例如，我们现在可以像这样编写程序：

输入
```
km = input("How long is the route in
km?")
```

输入
```
vm = input("On foot (1) or bike (2)?")
```

如果……
```
if vm == 1:
```

……，那么执行
这部分：
```
    hours = km / 5
```

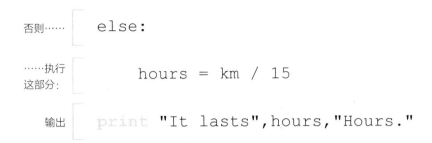

```
否则……        else:

……执行
这部分:            hours = km / 15

输出        print "It lasts",hours,"Hours."
```

首先检查是否输入了 1。如果是，则计算步行时间。此后，不是像之前那样进行第二个 if 查询，而是执行一次 else 查询。else 总是和之前的 if 相关，意思是"否则——如果之前的查询不匹配"。

如果没有输入 1，无论在那里输入了什么，稍后都会自动变成 else 条件为真。在这种情况下，总是计算骑车的时间。

如此一来，无论输入什么内容，程序都不会出现错误。尝试一下：

■ 如果你输入 1，则计算行人所用时间。

■ 如果你输入 2，则计算骑车人所用时间。

■ 如果你输入其他任何内容，都会计算骑车人所用时间。

借助 else，没有报错信息，无论输入什么内容，都可以计算时间。

也许这并不能使你完全满意，因为实际上用户应该只输入 1 或 2，否则会收到一条消息，指出输入不正确。

当然还可以进行编程。有几种方法可以做到这一点。首先要问是否输入了 1 或 2。

链接多个条件

在一个 if 查询中，不仅能够查询一个条件，还能够链接多个条件。这需要使用"和"（and）或者使用"或"（or）。本章后面的内容中还有更多信息。现在，对我们来说，使用"或"链接已经足够了。

如果要检查用户输入的是 1 还是 2，则必须这样做：

```
if (vm == 1) or (vm == 2):
```

"or"是表示"或"的英语单词。这一行检查是否输入了1或2，只要符合两个条件中的一个，就会执行下方缩进的行。（如果你链接了多个条件，建议将每个条件都放在括号中，这样可以看得更清楚，并避免出现错误。）

现在，你可以在此基础上重新建构整个结构。我的建议是：

```
km = input("How long is the route in km?")
vm = input("On foot (1) or bike (2)?")

if (vm == 1) or (vm == 2):
    # 只在输入了 1 或 2 之后执行：
    if vm == 1:
        hours = km / 5
    if vm == 2:
        hours = km / 15
    print "It lasts",hours,"Hours."
else:
    # 如果既没有输入 1，也没有输入 2：
    print "Please only enter 1 or 2!"
```

你理解它是如何运行的吗？

第一个if查询检查是否输入了1或2。如果是这样的，则执行下一个缩进的if查询，并根据是1还是2进行计算，最后输出结果。如果未输入1或2，则缩进的所有内容都会被跳过，只有结尾处的else才有效。然后，写上文本，"请输入1或2"。

你可以嵌套if查询。仅在匹配if查询时，执行缩进的所有内容，在缩进中可能会重新进行有其他条件的全新if查询，并且有相应缩进。

"elif" —— "else if"

你也可以采用不同的方法解决上述问题。还有另外一个有趣的命令，你可能偶尔会用到elif命令，它是else和if的组合。它是如何运作的？

有时，人们需要这样一个结构：

如果……，那么……；此外如果……，那么……；或者，此外如果……，那么……；否则……这在 Python 中是这样的：

如果匹配
条件 1……

```
if Condition1:
```

……，那么执行
这部分。

```
    # 命令……
```

否则，如果
符合条件 2……

```
elif Condition2:
```

……，那么执行
这部分。

```
    # 命令……
```

否则，如果
符合条件 3……

```
elif Condition3:
```

……，那么执行
这部分。

```
    # 命令……
```

如果不匹配以上
任何一条……

```
else:
```

……那么执行
此处内容。

```
    # 命令……
```

如果你现在想将其插入我们短小的程序中，那么看起来是这样的：

```
km = input("How long is the route in km?")
vm = input("On foot (1) or bike (2)?")

if vm == 1:
    print "It takes",km/5,"Hours."
elif vm == 2:
    print "It takes",km/15,"Hours."
else:
    print "Please only enter 1 or 2!"
```

首先询问是否输入了 1，如果不是，elif 会询问是否输入了 2，如果两者都不符合，else 会报告输入的内容不正确。在 if 后面，可以有任意多个 elif——如果不匹配 if 和 elif 中的条件，那么只能匹配最后一个 else。

因此，在捕捉或避免错误的同时，有三种方法可以评估有条件的输入。

现在，在第一次编程实践后，我们进行一个小小的回顾，if 到底可以做什么，以及有哪些形式可以使用这种结构？

"if" —— "else" 概览

if 之后始终写有一个条件，并检查此条件是否为真。编程中没有模棱两可。一个条件要么是真，要么是假。可以检查的条件不仅仅是相同的数值。可以检查数字和字符是否相等（相同）、不相等（不相同）、更大或更小。

示例：

if x==3:	检查 x 是否等于 3
if x!=3:	检查 x 是否不等于 3（也就是非 3）
if x>5:	检查 x 是否大于 5
if x<9:	检查 x 是否小于 9
if x<=7:	检查 x 是否小于或等于 7
if x>=2:	检查 x 是否大于或等于 2

它们不光可以和数字结合使用，还可以和字符串一起使用：

if name=="Otto":	检查 name 是否为 "Otto"
if "Otto">"Erwin":	检查文本 "Otto" 是否大于文本 "Erwin"——在字母表分类中是否处于其后方

使用 if 检查的条件被称为逻辑语句，要么是真（True），要么是假（False），例如：

- 5>3 就是一个真语句（True）。
- 5==7 就是一个假语句（False）。

这种检查也可以写入变量：

```
condition = (5 > 3)
print condition
```

然后就有所输出：

```
True
```

当你在一个程序中将 True 或 False 用作值时，两者必须保持首字母大写。

除了比较，还可以使用 if 查询包含 True 或 False 的变量。

```
if condition==True:
```

或者更简单：

```
if condition
```

将真语句作为变量值

　　if 后面一直是一个要么为真（True）要么为假（False）的语句。如果变量包含真或假的值，可以将其写在 if 后面，然后变量就称为一个或真或假的语句（也被称为布尔变量，也就是仅可能包含两个值中的一个，即 True 或 False）。

```
x = input("Enter a number greater than 5:")
statement = (x > 5)
if statement:
    print "Correct - the number is over 5."
if statement == False:
    print "Wrong Input"
```

顺便说一句，在 Python 中，False 值为数值 0，True 值为数值 1 或任何其他不是 0 的数字。

你还可以进行如下查询：

```
x = input("Enter a number:")
if x:    # 意思是：x 为真，也就是不是 0 的内容
    print "you entered something other than 0."
else:    # 意思是：x 为假，就是 0
    print "you entered the value 0."
```

如果你将多个条件相连，则逻辑会变得有些烧脑。

多重条件中的真与假

(5>3)or(5<2) 是一个真语句，因为第一个语句 (5>3) 是对的。若两个语句之间使用"或者"（or）链接，那么第一个或第二个（或者同时两个）条件是正确的时候，就可以判定整个条件为真。

也就是说，我说"这辆汽车是红色或蓝色"，当这辆车是红色或是蓝色时，条件就为真。

除了使用"或"（or）链接，还有"与"（and）链接。

(5>3)and(5<2) 是一个假语句，第一个语句是对的，但是第二个语句不正确。在使用"与"链接条件的时候，所有语句都必须是正确的，否则整个语句就是假的。

示例：一辆单色的汽车不可能是红色和蓝色的。语句"汽车是红色的与汽车是蓝色的"是假的。

第三个是"非"（not）。使用这个词就是将一个语句翻转：

Not(5<2) 为真，因为 5 不小于 2。

使用"非"会将一个语句的真实性变为相反的情况。真变为假，假变成真。

基本上，这和我们普通人的日常用语一样。人们只需要把它们翻译成自己的语言，然后按照常识进行理解：

(Statement1) and (Statement2)	只有当两个语句都为真时，整体才为真
(Statement1) or (Statement2)	当至少有一个语句为真时，整体为真
not (Statement)	当语句为假时，整体为真；当语句为真时，整体为假（反转）

所有这些都是有逻辑的，对吗？

程序：入场检查

新任务：假设有人想知道他们是否可以在电影院看电影。设定一个"FSK 许可"（fsk）以及儿童年龄（age）。

```
age = input("How old are you?")
fsk = input("When is the film released?")
```

你现在如何检查用户是否被允许进入影厅？想清楚了吗？

```
if (age >= fsk):
    print "You can go to the film."
else:
    print "Sorry, you cannot go to the film."
```

我们现在假设，只要有一个成年人随行，就可以去看任何电影，不论年龄大小（这不是真实的情况，但是在这个练习中可以这样假设）。
程序应当为：

```
age = input("How old are you?")
fsk = input("When is the film released?")
adult = input("Is there an adult (1)? Or no adult (0)?")

if (age >= fsk) or adult:
    print "You can go to the film."
else:
    print "Sorry, you cannot go to the film."
```

只要满足两个条件之一（年龄匹配或有成年人随行），就允许看电影，否则（当两者都不匹配）就不行。注意，查询 adult==1 并不必要，因为 1 符合 True—查询变量 adult 是否为真就够了，变量是 0（False）或 1（True）就可以了。

然后可以加入两行：

```
if (age >= fsk) and adult:
    print "You don't need to take the adult with you."
```

还需要一个查询进行澄清：

```
if (not (age >= fsk)) and adult:
    print "The adult must definitely come along."
```

这是一个包括了 and（与）、or（或）和 not（非）链接的示例。

仔细查看该程序，使用不同的输入进行尝试，并尝试理解其工作方式。如果满足两个条件中的一条（年龄大于或等于 fsk 或有成年人随行），就允许询问者观看电影。如果不是这种情况，那么绝对不允许询问者看电影。

然后还需要检查，可能年龄符合且有一位成年人随行。但是成年人随行这部分并不是必要的。

最后一个查询检查年龄是否过小，且有一位成年人随行。那么，无论什么情况，成年人随行是必要的。

在这里，括号可以让人一目了然，能够看出来各部分 and、or 或 not 的关系。如果你使用 and、or、not 链接条件，你应当始终将条件放在括号中，以避免造成混淆或错误的结果。

Python 很少使用内置命令。最重要的内容，我们已经了解了，现在还要增加一些内容。但这是否意味着 Python 的能力是有限的，只能执行简单的输入、查询、计算和输出？不，绝对不是，因为 Python 可以添加模块使用。它们为编程提供了巨大的可能性。

使用 Python 进行计算，我们已经集中了解过了，基本计算类型加、减、乘和除可以毫无问题地在 Python 中使用。此外，还有幂、整数除法和余数计算。通常，用这些功能就能完成计算，但是也不是一直都能成功。对于功能更强大的数学程序，你可能需要 Python 中未内置的函数。例如，你要计算数字的平方根，或一个数值的正弦或余弦，或者处理分数。举个例子。

平方根、正弦或余弦不是集成到 Python 语言中的基本计算类型。这是否意味着我们无法使用它？

当然不是，我们可以使用。实际上，Python 的功能是无限的。如果可以，你可以定义和添加不存在的命令，或者你可以使用 Python 随附的众多模块中的某一个，也可以从相关网站下载这些内容丰富的模块。

什么是模块？

模块是其他 Python 命令组合，你可以在程序中使用其中包含的所有命令和功能。有适用于所有应用领域的模块。Python 的标准模块（随附的模块）包括各种命令和函数，用于多种数学运算，字符串处理，复杂数据类型，时间和日期计算，硬盘上文件访问，数据压缩和加密，在线访问，数据库控制，屏幕上的图形输出，声音生成和输出，控件，等等。我仅在这里列出了少量示例，你将在本书中更好地了解更多其他示例。

使用者可以自己在 Python 中编写模块，由此编写的模块可以毫无问题地用在每个系统上。例如，可以控制 Windows 或 Mac 特定功能的模块也可以使用其他语言编写。但是，它们仍集成在 Python 中并由 Python 命令控制。模块可以由你自己编写，也可以从网络上下载，或者它们已经包含在 Python 库（标准模块）中，只需要调用即可。在本书中，我们主要使用 TigerJython 的标准模块工作，并且你会看到，里面已经包含了非常多的内容。

"数学"（math）模块

回到我们的示例：我们要计算值 x 的平方根。有一个函数 sqrt()（sqrt 是平方根英语单词 "square root" 的缩写）。

为了在程序中使用函数 sqrt()，我们必须先进行一次模块导入，在其中进行定义，否则 Python 会无法识别这些函数。在这个情况中，非常频繁使用的标准模块是数学。

```
import math
```

写写以下程序：

```
import math
x = input()
print math.sqrt(x)
```

现在，你可以测试程序并输入一个值，例如 81。结果是：

```
9.0
```

数字

结果显示为 9.0，不是 9——从数学上讲，这是相同的数字，但它向我们表明，数学模块内部一般是以浮点数（float）工作的。另一种数字类型是整数（integer）。

稍后，我们还会用这两种数字做更多事情。为了将浮点数 x 转化成整数，你可以使用 int(x)，它和 float(x) 相反。

在第一行中，导入数学模块，即告诉程序使用该模块。因为数学模块是软件包中已经包含的标准模块，因此 Python 可以顺利找到该模块并将其加入程序中。如果我们现在将一个数学模块中的 sqrt() 函数用在我们的程序中，我们必须首先写入模块名称，然后写入一个西文句点，最后写入函数。

也就是这样：

```
print math.sqrt(x)
```

如果我们希望从数学模块中单独调用函数 sqrt()，那么我们可以将其直接加入我们的程序中。具体如下：

```
from math import sqrt
x = input()
print sqrt(x)
```

在此，我们不再导入完整模块，而是只从数学模块中将函数 sqrt() 直接导入程序中。由此，我们现在可以在没有预设数学模块的情况下使用此函数，因为现在可以直接为我们的程序定义函数 sqrt()，并且无须将数学模块引入程序。

这可以使用一个模块中的多个命令或功能来完成此操作：

这些函数：
sqrt、sin、cos、tan

来自此模块

```
from math     import     sqrt, sin, cos, tan
```

导入：

使用这一行，可以从数学模块中将函数 sqrt()、sin()（正弦）、cos()（余弦）和 tan()（正切）集成到 Python 程序中，并且可以正常使用（无须预设数学模块）。使用正弦、余弦和正切可以用来计算直角三角形中的角度。

而且，如果将其发挥到极致，你可以轻松地将一个模块中的所有函数集成到 Python 程序中。具体如下：

```
from math import *
```

在这种情况下，星号代表"所有"。此行之后，在数学模块中定义的全部函数都可以"直接这样"使用，无须额外标记。例如，print sin(x) 会输出变量 x 的正弦值。

因此，有三种方法可以从模块中链接函数。

1. `import Module_name`

   然后使用 `Module_name.Function_name`

2. `from Module_name import Function_name (, Function_name …)`

3. `from Module_name import *`

哪种方式最好？这就要看情况了。直接从一个模块导入所有命令（第三种方法）当然是最方便的，因为你可以在不使用模块名称的情况下一如既往地使用这些函数，就像它们是 Python 的内置部分一样。这一方法也是最常用的。如果你只使用标准模块，那根本就不是问题。

如果使用不同来源的各类模块，当不同模块中有相同名称的函数时，那么最近一次导入的函数就会覆盖之前具有相同名称的函数。这是一个重要的问题。

如果模块名称在程序中保持可见，有时候会更加清楚明白。那么，即使使用较大的程序，你也能知道该函数来自哪个模块。但是，对于本书中的示例，这三种方法都很有效。

用于数学专业人员

因为 Python 将乘方功能内置在基础语言中（例如 7^2 可以写作 "7**2"），基本上即使没有 sqrt() 函数也可以计算平方根。你还可以计算一个数字的 1/2 次方，由此得出平方根。替代 sqrt(x)，还可以使用 "x ** 0.5" 进行计算。这只是非常浅显的内容，其他数学模块中的函数不能用内置的运算符进行替代。

除了数学模块还有什么？这里有一些示例：

sin(value)	数值的正弦
cos(value)	数值的余弦
tan(value)	数值的正切
floor(value)	将小数位舍掉取整数（例如：1.75 取 1.0）
ceil(value)	将小数位进位取整数（例如：1.75 取 2.0）
log(value)	一个数值的自然对数
fabs(value)	取数字的绝对值（无负号）

此外，还有很多函数。如果你想了解所有内容，可以在 TigerJython 中点击 Help，然后选择 Python docs (online) math-module。你可以由此获得数学模块中包含的三角函数、对数函数、指数函数和其他数学函数。所有内容都是用英语表达的，翻译工具可以为你提供帮助。

在此，有一个可以使用一些数学函数的小功能：

```
import math
x = input("Enter a number:")
print "The root of",x,"is:",math.sqrt(x)
print "The sine value of",x,"is:",math.sin(x)
print "The cosine value",x,"is:",math.cos(x)
print "The tangent value of",x,"is:",math.tan(x)
print "The absolute value of",x,"is:",math.fabs(x)
print "The nearest integer <=",x,"is",math.floor(x)
print "The nearest integer >=",x,"is:",math.ceil(x)
```

"随机"（random）模块

如果所有这些数学函数都不适合你，我们将为你提供另一个模块，一个从现在开始将经常使用的模块：随机模块。

什么内容可以"随机"？

随机的意思就是"任意的"或"偶然的"——这就是重点。

使用随机模块中的函数可以产生随机数字，这对许多类型的游戏都十分有用。

假设你要为一个骰子进行编程，该骰子将从 1 至 6 中生成一个随机数，即"掷骰子"。Python 没有为此提供内置命令，但是随机模块也是标准模块之一。

为了使用随机模块中的函数，程序需要从一个导入命令开始：

```
import random
```

我们为骰子编程所需的函数叫：

```
randint(start,end)
```

Randint 是"random integer"的缩写，意思是"随机整数"。

使用函数 randint(1,6)，你可以在这种情况中获得 1 至 6 中的一个数字（包含 1 和 6），这就是典型的骰子点数。最好是，你马上编写一个简单的骰子程序。在最简单的情况下，是这样的：

```
import random
dice = random.randint(1,6)
print "Was diced",dice
```

尝试一下：你每次启动程序时，都会重新获得一个"随机掷出来的骰子点数"（如图 9.1 所示）。电脑掷骰子！

```
TigerJython                                              —  □  ×
File Edit Run Tools Help                                      English

untitled 1*  ×
  1 import random
  2 dice = random.randint(1,6)
  3 print "Was diced",dice

Was diced 6

Output  Info  Messages
```

到底什么是随机数？

计算机真的可以"想出"一个完全随机的数字吗？这到底是怎么做到的？答案就是：不，这些不是"真正的随机数"——我们必须问自己，在计算机中到底什么是"真正的随机数"？随机数是由计算机以复杂的方式计算得出的。如果你不知道输出值及其公式，那你就不知道接下来会是哪个数字，每次使用时确定的数字顺序都不同，但是你仍然可以假定，长远来看，这些数字是相当平均地分布的。这也是可以用骰子或大轮盘产生的"真实的随机数"的特点。掷骰子一千次后，不同的骰子点数开始逐渐相等。就这方面而言，计算机中的随机数在实践中就是"真正的随机数"。

大轮盘

在法国的大轮盘游戏中，有一个旋转的轮盘，球被扔进这个轮盘中。最后，球降落在 37 个格子中的一个。从 1 到 36 的数字分别为红色和黑色，零为绿色。

任务

更改上方的骰子程序，并将其修改为大轮盘程序以进行抽奖。结果应该是"球落在数字 x 上"（The ball fell on the number x）或"球落在绿色零点上"（The ball fell on the green zero）。你能做到吗？试试看，然后和建议内容进行比较。

```
import random
msgDlg("Click OK to draw")
number = random.randint(0,36)
if number == 0:
    print "The ball fell on the green zero."
else:
    print "The ball fell on the number",number,"."
```

第二行并不是必要的，但是它创建了一个启动点，以便开始抽奖。随机选择一个从 0 到 36 的数字，然后检查是否抽到了 0。如果是，它将单独显示，否则将宣布选出的号码。

程序：决策支持

如果将随机数与 if 查询结合使用，你可以做很多事情。如果你不确定自己该怎么做，这个程序是否可以帮助你做出决定？我不能保证该程序能够始终给出最明智的答案，但是即使如此，至少也可以帮你做出决定。

构建：

- 你输入的问题可以用"是"或"否"回答。
- 程序使用"是""否""最好选是""最好选否""对不起，你必须自己决定"来回答。

因此，有 5 种可能的答案。你可以自己编写这样的程序吗？使用一个 1 至 5 的随机数，然后使用 if 查询。不是那么难，对吗？你先自己尝试一下，然后再看看以下程序。

这是一种可行的方法：

```
import random
question = input("Enter your question:")
answer = random.randint(1,5)
print "The answer is:"
if answer == 1:
    print "Yes!"
elif answer == 2:
    print "No!"
elif answer == 3:
    print "Rather yes."
elif answer == 4:
    print "Rather no."
elif answer == 5:
    print "Sorry, you have to decide for yourself."
```

你在提问时输入的内容无关紧要。它不会被进一步处理，它只是帮助你表述问题。答案就是从 5 种可能性中抽出一种，通过 randint() 函数和文本中的查询执行。

总结

在本章中，你学习了模块是什么，也就是有附加命令和函数的文件，需要在 Python 中导入后再使用。你可以完全导入模块，然后将函数与模块名称一起使用。或者你可以在 Python 中集成某一模块的单个或全部函数，然后直接使用不带模块名称的函数。

作为示例，我们认识了数学模块和随机模块。特别是，你会频繁使用随机模块。

在以后的章节中，你将会学到更多需要使用的模块。

第十章

循环——重复让程序更强大

通过循环，你可以根据条件了解其他重要的编程结构，这也十分重要。程序循环可以将 Python 变成一个功能强大的工具，可以一遍又一遍地执行命令模块。

"爸爸，你能为我从 1 数到 100 吗？"我的小女儿曾经这样对我说。我照做了，特别累。当她后来要求我数到 1,000 时，我放弃了。而我的回答是："我们不能再这样做了，我们没有那么多时间。"最重要的是，我不想这样做。

但是你需要知道，对人而言乏味、无聊的事情对于计算机程序而言却相当容易。因为计算机就是非常适合这样使用：为我们接手烦琐又无聊的流程。如有需要，计算机可以很快完成。

让我们来编写一个程序，先数到 100，然后再数到 1,000。每个数字都应当单独写出来。

如果我们使用到目前为止所学到的方法来执行此操作，则编写程序将比大声地数到 100 更花费时间：

```
print 1
print 2
print 3
print 4
print 5
print 6

……
```

我们必须写一百行。肯定不会是这样的。在这里，每一行都在发生同样的事情。输出一个数字，每次的数字都相应增加 1。

程序员需要舒适编程，而最重要的是要高效。如果一条命令原则上是在重复操作，那么你就不需要将命令连续敲入两次、三次或四次。

一旦重复一个过程，就应当使用所谓的循环，也就是一个重复结构。

使用"重复"（repeat）的计数循环

如果要让程序从 1 数到 100，什么内容需要被重复一百次呢？你必须使用一个以 1 开头的计数器，然后将其输出，然后再增加 1，接着重复进行，直到计数器数值达到 100。

即：

■ 将变量 counter 设置为 1。

■ 重复以下缩进的部分 100 遍：

 ● 输出 counter

 ● 将 counter 增加 1

现在是在 Python 中。如果你想使用一个计数循环作为重复命令，那么就可以使用重复循环（如你所见，属于循环的程序行始终向右缩进）：

```
counter = 1
repeat 100:
    print counter
    counter = counter + 1
```

输入程序，然后看看结果：

Python 从 1 到 100 连续计数！就像我们期望的那样。

它是如何运行的？

首先，你需要定义一个变量 counter，然后将 1 设置为初始数值。之后就开始重复。"repeat 100:"是 TigerJython 中提供的一条非常简单的命令。Repeat 就是"重复"的意思。命令的意思是"重复以下缩进的部分 100 遍"。（当然，在这里可以使用一个变量或一个数学表达式代替 100。在 repeat 后面可以不输入任何内容——然后循环就会无休无止地重复执行下去。）

在这部分中，输出变量 counter（第一次为 1），然后将变量 counter 增加 1。你可以使用：

```
counter = counter + 1
```

变量 counter 会重新被赋予值"counter + 1"——由此，counter 会增加 1。

逐步增加

为了将变量 counter 增加 1，有一个你经常会在专业编程中看到的缩写。写作：

counter + = 1——使用这个将变量 counter 增加 1。但是在这里，我们暂时不需要它，以免出现混淆。

"counter = counter + 1"在这里更清楚，运行良好，并且就是在做完全一样的事情。

然后，基于重复命令，从缩进的部分开始重复执行 100 次。最后，输出到 100 后，程序结束，因为重复会循环 100 次（如图 10.1 所示）。

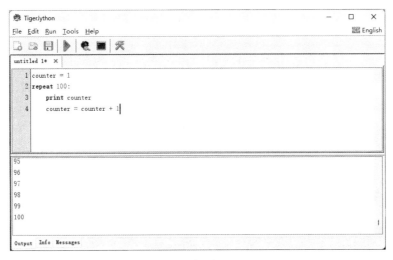

图 10.1 显示 100!

顺便说一句："重复"

重复命令并不在标准 Python 中，这是 TigerJython 的一个特点。由于它非常简单和实用，我们又在这里使用 TigerJython 工作，所以我们会较多使用它。稍后，你将学习到如何做其他的计数循环（"for 循环带有 range"），这一计数循环可以在其他 Python 程序中运行。

太棒了！这样就可以快速数到 100 了。现在，为了数到 1,000，你只需要进行些许改变，你一定可以想到的。只需要添加一个 0，程序就可以数到 1,000 了。尝试一下。

左右相连输出数值

如果你想，可以左右相连输出数值，而不是上下相连输出数值，你必须在 print 输出命令之后放置一个逗号：

```
print counter,
```

逗号可以确保下一个输出内容和前面一个内容之间有一个空格的距离，并且不会在一个新行中。

如果输入 100,000，那么程序就需要多花一些时间了。但这并不意味着 Python 计数缓慢，Python 仍然可以在不到一秒的时间内达到十万次计数，只是窗口中数字的输出需要时间。如果要连续将文本向上推十万次，添加新行，更新滚动条等，总共可能要花费几秒钟。这还是很快的。

无终止掷骰子

在下一个示例中，我们可以更清楚地看到这一点。数到 100 很有趣，但实际上没有任何意义。不如我们掷骰子 100 次，最后看看掷出的数字的平均值是多少。

我认为掷骰子 100 次不是问题。不要忘了在开始时导入随机模块，然后开始：

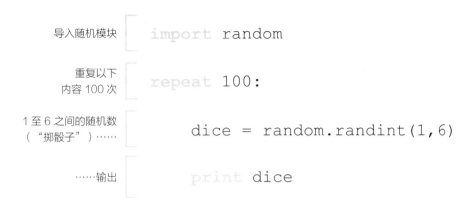

导入随机模块
```
import random
```

重复以下
内容 100 次
```
repeat 100:
```

1 至 6 之间的随机数
（"掷骰子"）……
```
    dice = random.randint(1,6)
```

……输出
```
    print dice
```

真好，结果正如期待的那样，100 个随机骰子点数上下连续出现（如图 10.2 所示），

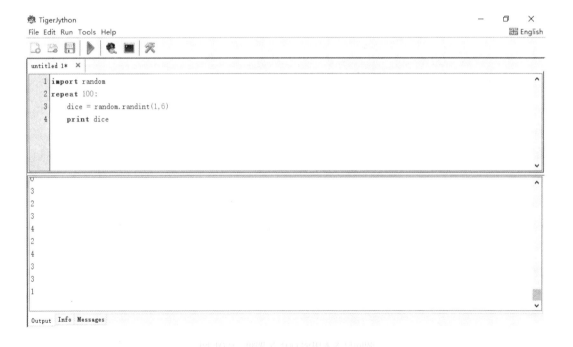

为了计算得出所有掷骰子的平均值，你当然需要先将所有骰子的点数相加。为此，你需要一个变量作为总和。最好直接将其命名为 sum。抛掷骰子的次数也会变化，因为我们可以使用不同的数字进行多次实验。因此，数字也应放在开头输入的变量中。只需将此变量命名为 number。

程序什么样？试试看，自己改变掷骰子程序：首先，输入抛掷次数并将其保存在变量 number 中；此外，必须生成变量 sum 并在开始时将其设置为 0；然后抛掷 number 次，每一次抛掷出的点数都会计入合计；然后计算得出平均值。平均值？很清楚：用 sum 除以 number。

它可能看起来是这样的：

```
import random
number = input("How often should the dice be rolled?")
sum = 0
repeat number:
    dice = random.randint(1,6)
    print dice
    sum = sum + dice
print "The average is:", sum / number
```

因为我们需要随机数，所以首先导入随机模块，然后输入 number 并将 sum 设置为 0。然后，会按照输入的 number 投掷骰子——这也意味着，会得出骰子点数，然后会将点数加为 sum，并使用 print 在窗口中输出。

最后，使用 sum / number 计算平均值并输出。

现在，你可以尝试不同的数字了。如果只掷骰子 5 次或 10 次，则平均值仍会有很大波动，理论上可以在 1 至 6 之间。投掷次数越多，平均值将越准确。

期望值

了解概率计算的人可以轻松计算得出，投掷的次数越多，点数平均值越接近期望的平均值 3.5，并且点数分布越均匀。如果数字足够有规律地分布，平均值会刚好为 1 到 6 之间的中位数。

基本上，当投掷次数超过 1,000 次时，得出的平均值会非常接近 3.5。

使用大数字时，可能会让你很烦躁，因为每个投掷点数都会在输出窗口中显示。这会花费很长时间。你可以通过直接删除命令 print dice 避免出现这类情况（如图

10.3 所示）。现在，Python 的实际计算速度显示出：即使是 100 万次投掷骰子，Python 也可以在几秒钟内完成计算。你一定感到十分惊奇，你只是思考片刻，程序就可以在大约三秒内完成工作。

```
TigerJython                                                    —  ▢  ✕
File Edit Run Tools Help                                      ▦ English

 1 import random
 2 number = input("How often should the dice be rolled?")
 3 sum = 0
 4 repeat number:
 5     dice = random.randint(1,6)
 6     sum = sum + dice
 7 print "The average is:" , sum / number

The average is: 3.25

Output  Info  Messages
```

图 10.3 投掷 100 万次后，平均值会非常接近 3.5

总结：每次结果都不尽相同，但是掷骰子的次数越多越接近数字 3.5。由此，来自随机模块的随机发生器的表现与一枚真实的、理想的骰子是一样的。原来是这样！

顺便说一句，也可以使结构变得更清楚。如果程序连续十次，每次投掷 1,000 下，并一直输出平均值，那么我们要如何连续得到 10 个可以用于比较的平均值？我们应该如何修改程序？

嵌套循环

为了连续十次，每次投掷 1,000 下，我们必须将两个循环嵌套在一起。当然，这可以在 Python 中正常工作。该程序的结构如图 10.4 所示。

在 Python 中看起来像这样（结果如图 10.5 所示）：

```
import random
repeat 10:
    sum = 0
    repeat 1000:
        dice = random.randint(1,6)
        sum = sum + dice
    print "The average is:", sum/1000
```

快速缩进

顺便说一句，为了快速高效变更代码编辑器中的缩进部分，你可以使用光标或鼠标选定几行，然后按下 ⇥ 键。这会将所有选定的行向右移动几个字符。如果需要将选定的行向左移动，请按下 ⇧ + ⇥。

"while" 循环

使用一个计数循环，你已经可以做不少事情了。它适用于所有必须将过程自动重复多次的任务，不管次数是三次、x 次还是一万次。

尽管如此，还有第二种类型的循环在程序员的日常生活中同样重要。这就是 while 循环。它与条件相连接，因此与 if 结构有关。但是，只要条件适用，它就会一遍又一遍地重复执行自己的程序块。

while 是英语，意思是"只要"。所以结构是这样的：

- WHILE 条件（只要条件为真）：
  - 执行命令
  - 执行命令
  - ……

  （然后跳回上方，并再次检查条件。）
- 如果不再满足条件，则执行下一个命令。

比较："if"和"while"

使用 if 命令，如果条件为真，则缩进部分将被执行一次。在 while 循环中，如果条件为真，则执行缩进部分，然后程序跳回到开头并再次检查条件。只要条件为真，就会一次又一次地执行该部分。

我们将通过一个非常简单的 Python 程序进行尝试：

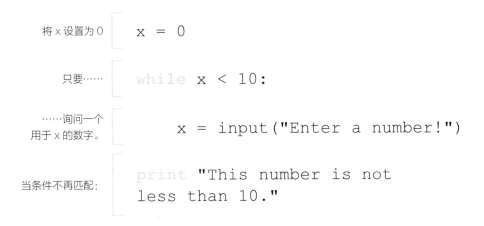

将 x 设置为 0　　`x = 0`

只要……　　`while x < 10:`

……询问一个
用于 x 的数字。　　`x = input("Enter a number!")`

当条件不再匹配：　　`print "This number is not less than 10."`

　　首先将 x 设置为 0，使变量 x 存在。现在是 while 循环，它会检查 x 是否小于 10。无论什么情况，一开始肯定是正确的，因为 x 为 0。（如果条件从一开始就是错误的，则在 while 行下方的缩进部分自然就不会执行，就像 if 一样）。

　　现在，在缩进的 input 命令中重新输入变量 x。

　　输入后，Python 跳转到带有 while 的行，然后再次检查条件。如果输入的数字小于 10，则条件为真（x 小于 10），缩进的行会被重新执行，即为 x 输入新值。仅当你输入 10 或更大的数字时，条件为假。x 不小于 10，while 循环结束。然后，它在 while 循环之后继续执行下一条命令——程序发出通知，输入的数值不小于 10。

　　自己尝试一下，才能获得最清楚的理解。

　　通过 while 循环，你已经认识了编程中最后一个非常重要的元素。现在有许多可供选择的选项，可供你编写小游戏以及以后的更多游戏。

骰子扑克

　　第一个游戏是另一种骰子游戏。这次确实是一个游戏，而不仅仅是演示。

　　你知道"和 1 有关的骰子游戏"吗？也有人称它为骰子扑克。规则很简单。玩家掷出一个骰子。如果玩家掷出了 2、3、4、5 或 6，掷出的点数属于玩家，进行计分。但是，如果玩家掷出 1，则将失去所有分，游戏结束。你可以随时停止掷骰子，从而确保你的分数。

程序大致如下：

```
import random
sum = 0
further = "y"
dice = 6
while (further == "y") and (dice > 1):
    dice = random.randint(1,6)
    if dice > 1:
        sum = sum + dice
    else:
        sum = 0
    print "You have rolled",dice,"."
    print "your score is",sum
    if dice > 1:
        further = input("Play again? y/n")
```

这是我们迄今为止编写的最长的程序。为了准确理解它，你必须逐行浏览并查看会发生什么。

当然，在开始时会引入随机模块，因为我们需要用随机数来掷骰子。然后引入三个变量并将其设置为相应的初始值。Sum 是积分，我们自然需要将其初始值设置为 0。在 further 中，是是否继续游戏的回答，因为我们首先写入了一个 y，代表 "yes"，以便 while 循环可以启动。在变量 dice（掷出的数字）中，我们写入的数字大于 1。但是，该数字不计入积分，还可以确保 while 循环是首次启动。

注意：正确启动

　　为了使 while 开始循环，必须确保首次运行时查询的条件适用。通常，你必须为 while 所查询的变量设置合适的初始值。

现在，程序进入 while 循环。由于在开始时条件匹配（dice 大于 1，并且 further 为 y），while 下的命令会被执行。

使用 randint(1,6) 可以掷出一个 1 至 6 的数字，并且保存在 dice 中。

随后是 if-else 查询。如果掷出的数字大于 1，则将数字加到积分中。

如果不是（掷出了 1），则积分设置为 0。

现在信息如下（如图 10.6 所示）。它显示了掷出的数字（dice）和得分的高低（sum）。

然后再设置一个 if 查询，因为只有游戏继续运行，也就是不再掷出 1，才能提出是否继续玩的问题。

因此，如果未掷出 1，则程序会询问你是否要继续玩，并将结果保存在变量中。

现在，while 循环下的命令已经结束，程序重新自动跳回到 while 条件。因此，如果未掷出 1，并为该问题输入 y，则会再次执行 while 循环。

只要输入的内容不是 y，或者掷出 1，那么程序就会结束。

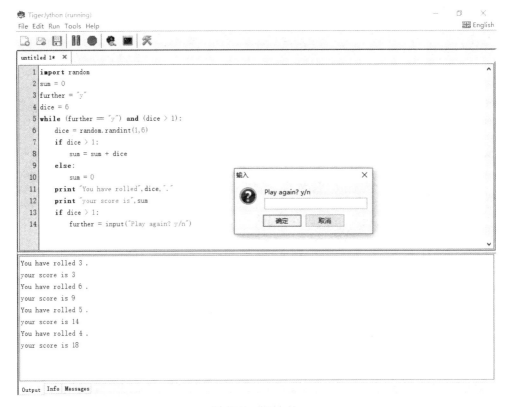

图 10.6　掷骰子

任务

尝试编写程序，试试能不能完全理解程序。做一些小改变，测试看看会发生什么！

经典猜数字

我将下一个程序命名为"经典猜数字"，因为它几乎出现在所有编程指南中的某处。这不是巧合，而是因为它非常适合理解 while 循环和 if 查询如何进行，并且能够巩固知识。

如果你已经很好地理解了以前的程序，那么你或许能自己为猜数字编程。尝试一下。作为帮助和建议，这里是猜数字的确切流程：

- 由程序想出 1 到 100 之间的随机数（randomNumber）。
- 使用者输入一个数字（guessedNumber）。如果它小于随机数，程序将显示"数字太小"。如果它大于随机数，程序将显示"数字太大"。在这两种情况下，输入并猜测下一个数字。
- 如果数字正确，则程序会祝贺并结束。

都明白了吗？开始吧。你需要一个 while 循环和两个 if 查询。这大约需要 10 行程序代码。请在自己尝试操作后，再查看答案：

```python
import random
randomNumber = random.randint(1,100)
guessedNumber = 0
while guessedNumber != randomNumber:
    guessedNumber = input("Guess the number:")
    if guessedNumber > randomNumber:
        print guessedNumber,"is too big."
    elif guessedNumber < randomNumber:
        print guessedNumber,"is too small."
print "Congratulation,",randomNumber,"is the correct number!"
```

你编出来了吗？当然，你的程序不必看起来和建议的完全相同，条条大路通罗马，有很多方式可以成功达成目标。开始时，解决问题会比较费力，稍后你就会自动寻找最短、最简单的解决方案。只要程序能够可靠地运行，那就是一份合理可用的程序！

上面建议的程序特别简单。在第二行中，想出一个 1 到 100 之间的随机数，并将其保存在变量 randomNumber 中。此外，定义了变量 guessedNumber，并将其初始设置为 0，以便在 while 循环开始时启动。

接下来是 while 循环。当 guessedNumber 不等于 (!=) randomNumber——未找到正确的答案时，就会执行下方的命令。由于猜测的数字一开始是 0，它不等于随机数（1 到 100 之间的数），因此 while 循环中的命令总会在第一次执行。

现在建议输入一个数字并将其保存在 guessedNumber 中。为了使程序可以判断数字是否太大或太小，需要两个 if 查询，然后报告所猜出的数字是否太大或太小。第三种方式，不使用 if 查询检查数字是否完全正确，因为如果发生这种情况，while 循环将自动结束，并将执行程序的最后一行。

在两个 if 查询之后，程序返回 while 命令并再次检查 guessedNumber 是否错误。如果是这样，则再次执行 while 命令部分，并输入新的 guessedNumber。如果不是（输入的数字绝对正确），则跳过 while 下的命令，程序进入最后一行，祝贺你找到正确答案（如图 10.7 所示）。

都明白了吗？

该程序当然可以进行拓展。加入计算猜测次数的计数器，怎么样？最后，你将看到自己尝试了多少次。没问题，是不是？

任务

修改程序，尝试的次数也可以一并计入。为此，引入变量 counter，变量计数器在开始时设置为 0，并在每次输入时增加 1。

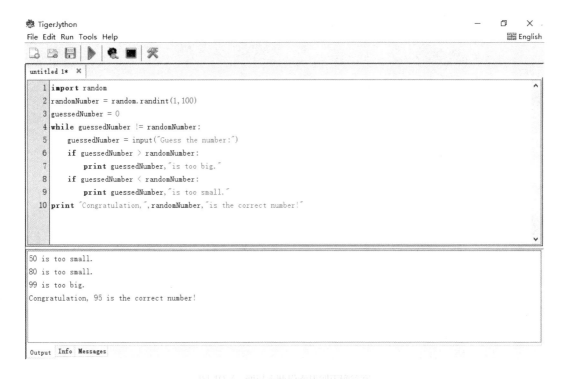

我假设，这样行得通。你的程序现在看起来可能是这样的（如图 10.8 所示）：

```
import random
randomNumber = random.randint(1,100)
counter = 0
guessedNumber = 0
while guessedNumber != randomNumber:
    guessedNumber = input("Guess the number:")
    counter = counter + 1
    if guessedNumber > randomNumber:
        print guessedNumber,"is too big."
    if guessedNumber < randomNumber:
        print guessedNumber,"is too small."
print "Congratulation,",randomNumber,"is the correct number!"
print "You have tried",counter,"times."
```

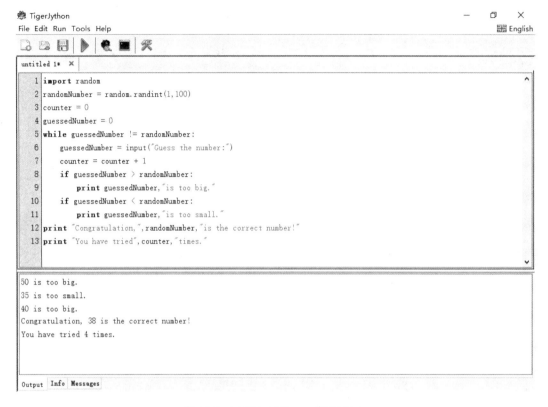

图 10.8 "猜数字游戏"程序的操作

简单乘法表

猜数字游戏之后是一个非常实用的训练工具。你已经熟练掌握乘法口诀了吗？如果没有完全掌握，那么你可以使用这个程序进行一些练习。怎么样？实际上，你可以在这里证明自己的能力。

现在要编写的程序如下。它像是一位不知疲倦的教练，从乘法表中随机抽题（为了不让它太容易了，任务范围从 3×3 到 9×9）。该程序提出问题，然后用户输入答案。如果是正确的话，那么就得一分，并且出现下一个问题。如果不正确，就计入一个错误，然后出现下一个问题。要退出程序，输入"x"而不输入答案，就可以获得有关得分和错误的评估。

再给你一个任务：尝试自己写程序。如何做完全由你决定。也许你可以先编写一个有几个任务的小程序，然后进一步扩展。或者你可以一次尝试所有内容。当你完成时，或者当你真的不想继续时，你可以继续读书。然后，我们再逐步进行所有的操作。

解决方法

程序最初使用四个变量：number1、number2、inPut 和 answer。第一步，程序应仅生成一个任务。具体如下：

```python
import random
number1 = random.randint(3,9)
number2 = random.randint(3,9)
answer = number1 * number2
```

现在，任务必须显示出来。你只需要 print 以下内容即可：

```python
print number1,"x",number2
```

尝试输入答案：

```python
inPut = input("What's the solution?")
```

我们来评估解决方案。当然，你可以使用 if 查询：

```python
if inPut == answer:
    print "The answer is correct!"
else:
    print "Unfortunately it is false! The correct answer is",answer
```

这是最简单的解决方法，没有重复，没有分数。现在加入分数。

最开始，你应该将分数和错误设置 为 0。

```python
points = 0
error = 0
```

在 if-else 查询中，相应对得分和错误各增加 1：

```
if inPut == answer:
    print "The answer is correct!"
    points = points + 1
else:
    print "Unfortunately it is false! The correct answer is",answer
    error = error + 1
```

现在，只有重复执行任务，整个程序才有意义。因此，我们将整个查询包含在 while 循环中。可以使用 "x" 取消。

```
import random
points = 0
error = 0
inPut = 0
while (input != "x"):
    number1 = random.randint(3,9)
    number2 = random.randint(3,9)
    answer = number1 * number2
    print number1,"x",number2
    inPut = input("What's the solution?")
    if inPut == answer:
        print "The answer is correct!"
        points = points + 1
    else:
        print "Unfortunately it is false! The correct answer
        is", answer
        error = error + 1
print "OK.",points,"Points and",error,"Error."
```

看起来不错，但是程序仍然有一个问题：如果输入"x"，那么在计算中就会生成错误，然后程序终止。因此，如果用户输入"x"，就必须避免对输入进行评估。

为此，我们需要一个附加的 if 查询，以确保仅在未输入"x"的情况下才对输入内容进行求值：

```
if inPut != "x":
    if inPut == answer:
        print "The answer is correct!"
        points = points + 1
    else:
        print "Unfortunately it is false! The correct answer
        is",answer
        error = error + 1
```

好，这使程序十分有用。因此，你可以对其进行测试：

```
import random
points = 0
error = 0
inPut = 0

while (inPut != "x"):
    number1 = random.randint(3,9)
    number2 = random.randint(3,9)
    answer = number1 * number2
    print number1,"x",number2
    inPut = input("What's the solution?")
    if inPut != "x":
        if inPut == answer:
            print "The answer is correct!"
            points = points + 1
        else:
            print "Unfortunately it is false! The correct
            answer is",answer
            error = error + 1
print "OK.",points,"Points and",error,"Error."
```

现在可以设想后续的改进。例如，如果用户猜错了，可以重复输出并给出正确的解决方案。为此，只需要修改一行：

```
print "Unfortunately it is false!",number1,"x",number2,"=",answer
```

这也可以放到输入正确答案时：

```
print "Correct!",number1,"x",number2,"=",answer
```

有了它，你就可以充分练习乘法表了。

唯一令你困扰的是，输入是在小窗口中完成的，而输出的内容始终位于 TigerJython 的输出区域。不能把任务也放在输入窗口中一起显示吗？回答是否可以放在小对话框中？

当然可以。但是，我们需要为此采用一些我们在第五章中学到的小技巧。

我们知道并且经常使用的 print 命令有一些小特点。你可以使用它来输出几种不同类型的变量，而不管它们是字符还是数字，并以逗号分隔。

Input 命令也可以输出文本，但是它必须始终由单个字符串组成。因此，我们首先必须将算术问题组合成一个字符串，以便可以在 input 命令中使其显示为文本。

然后我们会遇到不能简单地将数字和字符串连接起来的问题。我们只能将符号和符号放在一起。

```
task = number1 + " x " + number2 + "="
```

不能运行。这里有一个错误。

幸运的是，Python 内置了一个函数，可以让你将任何数字轻松转换为字符串。它就是 str(numerical value)。

str 代表 "String"，也就是字符串。

str(1) 将数字 1 转换为字符串 "1"。

现在，你可以将任务创建为字符串：

```
task = str(number1) + "x" + str(number2) + "="
```

Python 将其转换为以下字符串，例如：

"7 x 5 ="

我们还可以使用输出窗口 msgDlg（消息对话框），我们已经使用过这种窗口进行输出。在这里，也只能输出一个字符串，并且可以使用 str() 以相同的方式进行构造。

现在，我们可以再次修改整个程序，以便所有输入和输出都在小窗口中显示。

```python
import random
points = 0
error = 0
inPut = 0

while (inPut != "x"):
    number1 = random.randint(3,9)
    number2 = random.randint(3,9)
    answer = number1 * number2
    task = str(number1) + " x " + str(number2) + " = "
    inPut = input(task)
    if inPut != "x":
        if inPut == answer:
            response = "Correct! " + task + str(answer)
            points = points + 1
        else:
            response = "Unfortunately, it is wrong! " + task
            + str(answer)
            error = error + 1
        msgDlg(response)
evaluation = "OK."+str(points)+" Points and "+str(error)+" Error."
msgDlg(evaluation)
```

尝试一下！感觉好多了，不是吗？现在，该程序仅通过小消息窗口与你通信（如图 10.9 所示）。

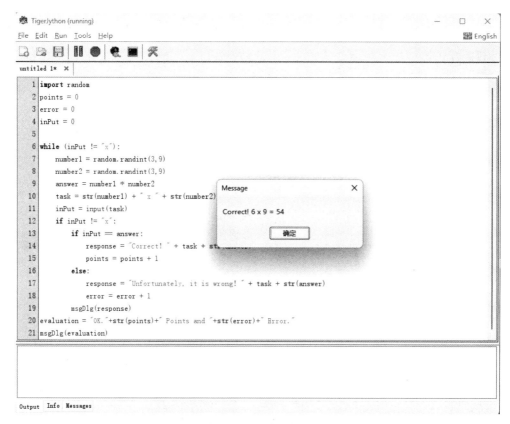

更多 "while" 循环的应用

while 循环的标准情况是，只要满足 While 下方的条件，它就会一直运行。

使用 "while" 的无限循环

你可以使用 while 编写无限循环。也就是永远执行下去的循环。例如：

```
while True:
    命令
    命令

......
```

while True 中的条件：一直被满足，因为 True 就是一直为真。由此，while 循环永远不会结束，并且只能从外部取消执行才能结束程序。在 TigerJython 中，while-true 循环与没有计数器值的重复循环具有相同的效果。

通过"break"退出循环

但是，即使以上条件为真，仍然有一种方法可以退出 while 循环。你可以使用 break 命令执行此操作。

例如，在以下程序中：

```
while True:
    x = input("Enter a number, or 0 for end.")
    if x == 0:
        break
print "Double of your number is:",x*2
```

使用 Break 命令，可以完全退出 while 循环，而无须再次检查条件。这也使你可以再次离开无限循环，并且防止 0 的值被计算和输出。

如果输入的数字为 0，则 while 循环中断并结束。如果数字不为 0，则继续正常进行计算，然后又跳回去上方。

通过"continue"提前继续循环

当我们通过 break 命令提前退出循环时，也可以使用 Continue 命令重新跳回到条件查询，而不处理其余的循环命令。

```
x = 0
while x< 21:
    x += 1
    if x == 13:
        continue
print x
```

看看上面这个程序：从 1 数到 20。但是数字 13 被忽略了（这是一个迷信的计数器）。为什么省略数字 13？因为对于这种情况，也就是当数字为 13 时，执行 continue

命令——由此在数字尚未输出时，重新向上回到 while 行。当然，也可以用不同的方式对这个例子进行编程。但是它显示了 continue 命令如何运行。

质数测试器

循环不仅可以用于小游戏或训练工具，在程序中也可以使用循环。当你想要进行复杂的计算或检查值时，它不仅简单多样，而且非常实用。

例如，要找出数字 1,237 是否为质数并非易事。如何使用最简单的方法确定？使用计算器你肯定做不了太多。

回想一下：质数是只能被 1 或其自身整除的数字。其他除数都不能得出整数结果。例如数字 7 是质数。你无法将其除以 2、3、4、5、6。但是，如果数字越来越大，你就无法再在脑海中轻松快捷地找出除数。

为了解决这些问题，你可以直接编写一个 Python 程序减轻你的工作，就是让一个数字除以所有可能的数字。Python 可以非常快速且可靠地执行此操作。只需检查一切可能，之后，你将确定其是否是质数。

因此任务就是输入一个数字，程序能够确定它是否是质数。

从简单到复杂，有不同的操作程序。我们将使用最简单的方法，这也是最容易理解的方法。

试用程序

程序必须做什么？简单来说，它必须尝试将输入的数字除以 1 和其本身以外的所有数字，并检查结果是否为整数。只要能够被整除一次，该数字就不是质数。

让我们直接开始吧。稍后，你可以再简化和优化程序。

首先输入数字 x。

```
x = input("Enter a number")
```

为了检查除数，你必须再次使用循环。该循环可以考虑到所有可能的除数，并在检查了所有除数而没有结果时结束，或者如果有一个除数"有用"，则该数字不是质数。

你如何检查数字是否可以被除数整除？实际上，任何数字都是"可除的"，只是没有整数结果。因此，你必须检查"x / divider"的结果是整数吗？

你可以使用自己已经学过的方法进行操作。回想一下，本书开始时在控制台上进行的算术运算。有一个运算符（％）可用于确定除法的余数（也称为取余运算）。如果余数为 0，则该数字可以被整除。

```
if (x % divider) == 0:
    prime_number = False
```

如果满足此条件，则 x 不是质数，因为它可以被 divider 中的一个整除（其除法的余数为 0）。在这种情况下，变量 prime_number 设置为 False（"不为真"）。首先，prime_number 必须设置为 True，因为我们从一开始时就假定每个数字都是质数，直到找到反证为止。检查所有除数后，如果变量仍然为 True，则该数字为质数；如果变为 False，则该数字不是质数。

现在开始循环。哪个循环更适合——计数循环还是 while 循环？

你可能会认为计数循环非常适合，因为我们只想到要检查 2 到 x–1 之间的所有数字。我们可以直接使用计数器浏览这些数字，然后查看 prime_number 是否为 False。

是的，这当然可以用，但是效率很低。假设我们要检查数字 999。在第二次检测时就可以得出，这个数字可以被 3 整除（不是质数）。即便如此，程序还是会在显示结果之前尝试其余 995 个除数。这样花费时间完全不必要，特别是在数字很大时。只要数字能被一个除数整除，则可以立即结束测试。

这又会回到 while 循环，当检查完全部除数后，或者 prime_number == False 时，程序结束。或正面的表达：当 divider 小于数字 x，并且 prime_number 的数值为真时，while 循环持续运行。除数从 2 开始，只要没有找到能够整除的除数，除数每次增加 1。

因此，用于检查 x 是否为质数的 while 循环具体如下：

```
divider = 2
prime_number = True
while (divider < x) and (prime_number):
    if (x % divider) == 0:
        prime_number = False
    else:
        divider = divider +1
```

在循环结束时，可以输出结果。很明显，如果变量 prime_number 为 true，则为质数。否则它就不是质数，divider 变量是反证（程序找到第一个能够被整除的除数后，循环结束）。

```
if prime_number:
    print x,"is a prime number."
else:
    print x,"is not a prime number.Divider:",divider
```

因此，整个程序现在看起来像这样：

```
x = input("Enter a number")
divider = 2
prime_number = True
while (divider < x) and (prime_number):
    if (x % divider) == 0:
        prime_number = False
    else:
        divider = divider + 1
if prime_number:
    print x , "is a prime number."
else:
    print x , "is not a prime number.Divider:", divider
```

用较小的数字测试一次程序，然后用较大的数字再测试一次。它是完全可靠的，并且肯定地告诉你，哪些数字是质数，哪些不是。使用非质数，运行会十分快速——当然，如果数字可以被 2 或 3 整除，那么循环只需要执行一到两次就可以得出结果。

但是对于数字很大的质数，你可能会感觉需要相当长的时间。例如，输入 "9,999,083"（一个质数）。在我的计算机上，检查大约需要 5 秒钟。这个数字非常大，将近 1,000 万——因此程序必须检查近 1,000 万个除数。上千万次除法和检查，5 秒的计算时间还是很令人印象深刻的。但是，真的需要那么多检查吗？不，完全不必。

如果稍加思考，你可能会首先得出一个结果，一个数字最晚可以在检查到数字一半时，结束程序，因为如果除法的结果小于 2，则无法得出有意义的整数。如果你进一步考虑，它将减少更多数字。数学的事实是，检查到所检查数字的平方根时就可以结束了，因为这时，除数等于商，反过来也是一样的。计算到 x 的平方根时，尚未出现能够被整除的除数，那么在这之后也不会再出现。这就有很大的区别了。程序不必再对数字 9,999,083 进行将近 1,000 万次的计算，只需要检查到 3,161 即可。显而易见，这使程序效率更高、速度更快。

因此，我们现在确定一个最大值，在循环结束之前除数必须达到这一最大值。我们将变量命名为 maximum，以 x 的根为其赋值。（没有数学模块也能够计算平方根，直接使用 "x ** 0.5"。）因此将循环做如下更改：

```
maximum = x ** 0.5
while (divider <= maximum) and (prime_number):
```

注意，在第一个括号中有 <=，因为它将检查所有小于 x 的根的除数。更改程序，然后再次检查数字 9,999,083。你有没有注意到速度快了多少？现在结果立即出来了。

在任何情况下，该程序都是快速且实用的，至少在正常标准的界限内，都是可用的。

尽管如此，还是有很多方法可以优化程序——例如，可以从一开始检查数字是否为偶数（被 2 整除）。如果是这样，那么无论如何它都不是质数，甚至不需要开始检查。如果不是，那么它肯定是一个奇数，并且变量 divider 可以从 3 开始，并且每次增加 2，因为我们不需要检查偶数除数，奇数肯定不能被偶数整除。如果你需要，可以自己进一步优化程序。这样可以将检查时间再次减半！你可以在本书的网站上找到所有优化的示例。

任务

在质数计算结束时，还需要执行一项任务：

假设有人要求你提供 1 到 1,000 之间所有质数的列表，以便他们可以随时查找。你如何改写质数检测程序，以便生成 1 到 1,000 之间所有质数的列表？

来尝试自己解决此问题。你不需要很多新的内容。不再将数字 x 使用 input 输入，而是将 x 从一开始就设置为 2，然后使用执行 999 次的计数循环（repeat）并进行检查。仅当数字为质数时，才会与 print 一起输出。在循环结束时，你会将 x 增加 1。

都明白了吗？

这里是参考答案，可以用来做比较（如图 10.10 所示）：

```
x = 2
repeat 999:
    divider = 2
    prime_number = True
    maximum = x ** 0.5
    while (divider <= maximum) and (prime_number):
        if (x % divider) == 0:
            prime_number = False
        else:
            divider = divider +1
    if prime_number:
        print x
    x = x + 1
```

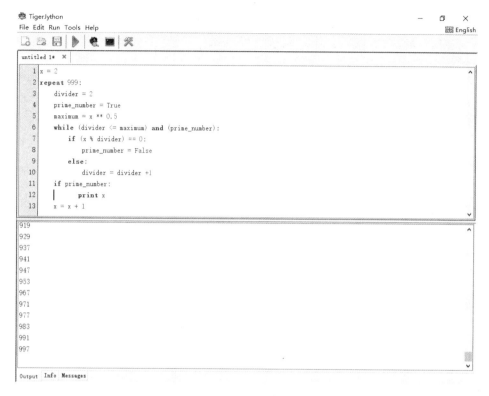

正如你所看到的，任何可以编程的人都能使用程序快速、清晰地解决数学问题，不用再只用纸和笔（或袖珍计算器）费力、枯燥地计算。（你将 Python 掌握得越好，它就越能帮助你更快速、更聪明地完成不同的任务。）

下面这个故事非常古老，对大多数数学老师而言也是耳熟能详：

在印度有一位国王想奖励国际象棋游戏的发明者，以表彰他创造了如此美妙的游戏。发明者为此想出了一个绝妙的奖励。他说："拿一个国际象棋的棋盘给我，再给我一粒米放在第一个格子中，将两粒米放在第二个格子中，将四粒米放在第三个格子中，将八粒米放在第四个格子中——下一个格子中的米粒数总是前一个格子的 2 倍，直到将所有 64 个格子都装满。"

国王感到受到了侮辱，并认为奖励太低。他低估了二次幂的力量，虽然只有很少的米粒放在第一个格子中，但在第十个格子中，就已经达到了 512 个——而在这之后会越来越多。国际象棋游戏的发明者总共能获得多少粒米？如果 100 粒米重 3 克，这些米的重量将是多少？

现在，这个故事可以说明会编程是多么实用。为了完成任务，我们并不需要许多有关幂的数学知识。我们只是让 Python 完全按照任务说明的那样计算所有内容。为此，我们需要两个变量，即当前格子中的米粒数量 amount，以及全部米粒的总数 sum。变量 amount 应当从 1 开始（一粒米放在第一个格子中），sum 是 0。现在，我们只需要循环 64 次，将每次的 amount 计入 sum，然后在下一个格子将 amount 翻倍。就是这样。

你想自己试试吗？直接开始就行了。这并不难。如果写入正确，那么程序具体如下：

```
amount = 1
sum = 0
repeat 64:
    sum = sum + amount
    amount = amount * 2
print "Total number of rice grains:", sum
```

启动程序，你将立即获得结果。总数令人难以置信，一共是 18446744073709551615 粒米。哇！使用分隔符号划分数字：18,446,744,073,709,551,615——写成文字：一千八百四十四京六千七百四十四兆零七百三十七亿零九百五十五万一千六百一十五粒米。

你现在可以按照米粒数量乘以 0.03 克来计算重量了（可以根据 Wikipedia 等网络资源了解米粒重量为多少）。因此，所有米的总重量约 5530 亿吨！网站上的统计数据显示，全球每年的水稻总收成约为 4.8 亿吨。

这意味着国王将不得不为国际象棋游戏的发明者，提供超过 1,000 年的全球水稻收成！结果惊人，但正确。而使用 Python 非常容易得出结果！

利息和复利

最后，我们向你提出一个简单的任务，它与国际象棋难题有点相似，但更为简单。假设你攒了 100 欧元。你可以选择不花钱，而是将其存入一个安全的储蓄账户中，该账户可以保证每年给你带来 5% 的增长（我知道这是不现实的，但这只是理论上的）。但是很不幸，你忘记了这个储蓄账户，直到 100 年后，你的孙子才在整理阁楼时找到这些文件。

任务

到那时，在有利息和复利的储蓄账户中已经积累了多少钱？你可以使用 Python 轻松完成这一任务，这非常类似国际象棋难题。

你的资金的初始价值为 100 欧元。每次增长 5%，累计增加 100 次。要将数值增加 5%，需要乘以 1.05。这意味着，第一年后为 105 欧元。100 年后有多少钱？为此，你仅需要输入 4 行 Python 代码，就能得到最后的结果。

在查看解决方案之前，请你先自己编写程序。

```
money = 100
repeat 100:
    money = money * 1.05
print "After a hundred year ",money,"Euro will be saved."
```

就这么短，就这么简单。

那么总计有多少钱？你的孙子会为 13,150 欧元感到骄傲的，而这仅由 100 欧元产生。来吧，开始存钱！如果你有足够的耐心，那是值得的。

现在，你可以随时使用该程序来计算其他初始金额、时长和比例。你在日常生活中会不断需要计算利息账单。

普通任务

编写一个程序，在其中输入初始金额、利率和期限，以年为单位。将所有累积的金额作为结果输出。

## 第十一章

十分巧妙：使用列表工作

当我们在日常生活中需要信息时，有时我们会在列表和表格中进行查找。如果我们想记住一些东西，我们还可以写一些列表清单，例如购物清单。在编程时，列表也非常有用。

你可以在变量中写入任何内容。整数或小数，True 或 False 值。但是每个变量只有一个值。

字符串看上去有些不同。因为我们可以将长长的字符链（文本）写入其中。你是否知道 Python 中的字符串已经是列表形式了？

字符串是列表

我们只是还没有真正将字符串用作列表，而是将变量中的全部文本作为一个固定单位。字符串就是一种列表，是几个单独字符的列表。所以当我写：

```
name = "Erwin"
```

然后我在变量 name 中保存了 5 个字符的列表。

再一次进入控制台，并输入指令 name = "Erwin"。

我可以单独处理此列表中的元素吗？

当然。使用：

```
print name[0] (the zero in square brackets!)
```

我可以获得单独的"E"。你也可以在控制台上尝试。

我的字符串 name 中的单个字符在 Python 内部进行编号，并且从 0 开始。元素 0 为"E"。

name[1] 是"r"

name[2] 是"w"

name[3] 是"i"

......

因此，你可以根据需要访问每个字母。字符在字符串中的位置称为字符串索引（Index）。同样，你可以同时访问多个相连的字母。具体如下：

```
print name[0:2]
```

结果：

```
Er
```

在方括号中指定一个字符范围（Range），而不只是一个字符串索引。这些是从 0 到 2 的字符（因此，范围中的最后几个字符不再属于 Python 中的列表）。也就是符号 0 和符号 1。

```
print name[2:5]
```

相应得出：

```
win
```

字符串

在 Python 中，字符串也可以作为列表处理。可以使用方括号中的字符串索引（位置），从 0 开始访问各个字符。字符的子序列可以使用第一个和最后一个字符串索引进行引用，并用冒号分隔。

你也可以通过这种方式重组字符串。例如：

```
name = "Erwin Mayer"
turned = name[6:11]+" "+name[0:5]
print turned
```

输出的结果为：

```
Mayer Erwin
```

如果忽略冒号前面的值，则使用字符串的开头；如果忽略冒号后面的值，则使用字符串的结尾。

```
name = "Otto Muller"
print name[:4]
```

得出"Otto"。

```
name = "Otto Muller"
print name[5:]
```

得出"Muller"。
和

```
name = "Otto Muller"
print name[:]
```

得出"Otto Muller"。

你也可以访问字符串的最后几个字母，而无须知道字符串的长度。字符串索引"-1"自动引用字符串的最后一个字符，"-2"就是倒数第二个，依此类推。

```
name = "Erwin Mayer"
print name[-1]
```

结果就是"r"，最后一个字母。

或者

```
filename = "mySong.mp3"
ending = filename[-3:]
print ending
```

这就输出了文件名中的最后三个字符。在这种情况中就是"mp3"。

Python 中的列表

字符串是一种非常特殊的列表。然而 Python 中还有通用的数据类型"List"，其中可以存储所有类型的列表，而不仅仅是字符串。在其他编程语言中，该列表被称为"数组"（Array）。但是，Python 列表可以比其他语言中的大多数数组能做更多的事情。它们经常被使用。

列表用方括号定义，各个元素都用逗号分隔。

例如 30 以下的质数列表：

```
prime_list = [2,3,5,7,11,13,17,19,23,29]
```

再次输出变量 prime_list：

```
print prime_list
```

然后重新以这种形式显示。

```
[2, 3, 7, 11, 13, 17, 19, 23, 29]
```

使用列表，你现在可以制作和字符串一样的内容，还可以做得更多一些。我们稍后就会看到列表有多实用。两个或更多列表可以使用符号 + 彼此连接：

```
prime_list1 = [2,3,5,7,11,13,17,19,23,29]
prime_list2 = [31,37,41,43,47]
total_list = prime_list1 + prime_list2
```

```
print total_list
```

因此，这里的输出是组合列表：

```
[2, 3, 5, 7, 11, 13, 17, 19, 23, 29, 31, 37, 41, 43, 47]
```

同样的，列表（和字符串变量一样）也可以翻倍：

```
list = [7]
print list * 5
```

得到结果：

```
[7,7,7,7,7]
```

现在，第一个小程序就能显示出如何使用列表进行查找。

```
prime_list = [2, 3, 5, 7, 11, 13, 17, 19, 23, 29, 31, 37, 41,
43, 47]
x = input("Enter a number under 50")
if x in prime_list:
    print x,"is a prime number."
else:
    print x,"is not a prime number."
```

这其实是另外一个确定某个数字是否为质数的流程。取代计算，程序直接检查数字是否在列表中出现。命令为：

```
if x in prime_list:
```

使用词汇 in，你可以在 Python 中检查，数值是否包含在列表中。（当然，上一章的计算质数是更明智的方法，否则，当你考虑较大的数字时，列表会变得非常长。但是我们马上就会看到，在哪里处理，可以使列表更有意义。）

列表不仅可以包含数字，还可以包含字符或字符串以及数学表达式：

```
mixed = [7,2.55,-25,"Hello","*",5*3]
print mixed
```

输出内容为：

```
[7, 2.55, -25, 'Hello', '*', 15]
```

你可以访问列表中的每个元素以及字符串中的字符：

```
print mixed[3]
```

得到结果：

```
Hello
```

此处列表中的第一个元素再次引用字符串索引 [0]。最后一个也可以通过字符串索引 [-1] 引用。和字符串一样，你也可以引用几个连续的元素：

```
print mixed[2:5]
```

得到结果：

```
[-25, 'Hello', '*']
```

与字符串相反，值也可以写入单个列表元素中。

```
mixed = [7,2.55,-25,"Hello","*",5*3]
mixed[0] = "New"
print mixed
```

然后就有所输出：

```
['New', 2.55, -25, 'Hello', '*', 15]
```

列表的第一个元素 [0] 在这里已被覆盖，现在不再是 7，而是字符串"New"。

查找星期几

还有一个可以使用列表的实例：

```
import datetime
days = ["Monday", "Tuesday", "Wednesday", "Thursday", "Friday",
        "Saturday", "Sunday"]
weekday = datetime.datetime.today (). weekday ()
print "Today is",days[weekday]
```

该程序使用 datetime 模块——你可以使用该模块进行日期计算。在这里，我们仅使用一个函数来找出今天的日期：

```
weekday = datetime.datetime.today (). weekday ()
```

结果为 0 到 6 之间的数字（0 = 星期一，6 = 星期日）。借助一个星期几名称的列表，你可以用英语说出今天是星期几。每天可靠地工作。尝试一下！列表对于查找此类内容非常有用。

通过程序生成列表

Python 内置有大量使用列表工作的程序，因为你可以使用列表完成许多编程任务。你可以在程序中创建列表，可以向其中添加值，更改值或删除值，它们可以进行分类以及访问有关列表的各种信息。

让我们创建下一个程序，其中包含 20 个随机滚动数字的列表。

为此，我们必须首先创建一个空列表：

```
number_list = []
```

要将元素添加到列表的末尾，我们使用 Python 命令专门用于列表，其用句点在清单变量之间作为分隔。这类命令被称为"列表对象方法"。这对你而言是新内容，但是你以后会更频繁地遇到这种形式。

```
number_list.append(value)
```

Append 的意思是"追加"——正是在这里完成，将值追加到列表中。

现在要在列表中写入 20 个骰子数字，你使用这些在简单程序中的追加命令：

```
import random
number_list = []
repeat 20:
    number = random.randint(1,6)
    number_list.append(number)
print number_list
```

作为结果，你得到一份输出的列表，这份列表可能像下面这样，也可能有所不同：

```
[4, 3, 2, 6, 1, 4, 5, 3, 5, 2, 1, 6, 6, 6, 4, 1, 3, 1, 3, 2]
```

20 个随机掷出的数字出现在一份清单中。

使用"+"添加

另外，你可以使用"+"在清单中增加元素，而不使用 append。

也就是你可以写入 list=list+[20] 替换 list.append(20)。

或者简短的写法：list+=[20]

这种简短的写法可以同样用于列表，和数字运算符一样。

带有一个列表的"for"循环

在上一章的循环和重复中，我省略了一个在 Python 中非常重要的函数。也就是 for 循环。为什么现在才介绍？非常简单，因为它只能与列表一起工作。现在你知道 Python 中的列表是什么了，你也可以使用 for 循环了。

For 循环会自动依次检查列表中的所有元素。公式是：

```
for z in number_list:
```

对于 number_list 列表中的每个元素而言，循环（循环下面的命令部分）运行一次，变量 z 会在每次运行时都具有当前元素的值。

如果你现在要一次检查所有 20 个元素的投掷数列表，那么这样进行：

对于 number_list
列表中的每个元素
而言……

……输出当前
数值。

```
for z in number_list:

    print z,
```

这意味着 number_list 列表中的所有数字都一个接一个地输出，彼此相邻（由于 z 后面的逗号）。

使用 for 循环也可以进行计数。在标准 Python 中，没有 repeat 循环。可以使用带有数字列表的 for 循环进行替换。

例如，可以写入：

```
for x in [1,2,3,4,5,6,7,8,9,10]:
```

替换

```
repeat 10:
```

到 10 还能操作，如果你使用 for 循环计数到 100 或者更进一步，应当如何做？你需要一个包含从 1 到 100 或到 1,000 的列表……你可以提前在一个循环中创建，或者你可以使用带有计数器和条件的 while 循环替代 for 循环……

但是，Python 中有一个简单的内置函数，可以自动创建一个连续数字的列表。命令为：

```
range(beginning,end)
```

number_list = range(0,100) 创建一个包含 100 个元素的列表，从 0 开始，最后一个元素为 99（结尾元素不包括在列表中，因此最后一个列表元素始终比结尾元素低 1）。

你也可以对其进行一次测试（例如在控制台中）：

```
print range(0,100)
```

结果：

```
[0, 1, 2, 3, 4, 5, 6, 7, 8, 9, 10, 11, 12, 13, 14, 15, 16,
17, 18, 19, 20,21, 22, 23, 24, 25, 26, 27, 28, 29, 30, 31,
32, 33, 34, 35, 36, 37, 38, 39,40, 41, 42, 43, 44, 45, 46,
47, 48, 49, 50, 51, 52, 53, 54, 55, 56, 57, 58,59, 60, 61,
62, 63, 64, 65, 66, 67, 68, 69, 70, 71, 72, 73, 74, 75, 76,
77,78, 79, 80, 81, 82, 83, 84, 85, 86, 87, 88, 89, 90, 91,
92, 93, 94, 95, 96,97, 98, 99]
```

替换

```
repeat 100:
```

因此，你现在可以写：

```
number_list = range(0,100)
for z in number_list:
```

或者缩写简化为：

```
for z in range(0,100):
```

如果第一个数字为 0，则可以将其省略。还可以继续缩短为：

```
for z in range(100):
```

好处是，你现在有了一个计数器 "z"。

如果要使用 for 循环和 range()，从 1 到 100 计数，并输出每个数字，则看起来像这样（始终输出 z+1，那么输出的就是从 1 到 100，而不是从 0 到 99）：

```
for z in range(100):
    print z+1
```

使用 for 循环和 range() 时，计数通常比 repeat 计数更短、更简单，因为你不必考虑其他计数器变量。

更多用于列表的命令、方法和函数

现在，你可以使用列表做更多的事情。例如，有一个确定列表长度的函数。让我们再来看一看 20 个随机骰子数的列表。

```
number_list = [4, 3, 2, 6, 1, 4, 5, 3, 5, 2, 1,
6, 6, 6, 4, 1, 3, 1, 3, 2]
print len(number_list)
```

结果是：

```
20
```

好的，你已经知道该列表包含 20 个元素，但是在许多程序中，列表的长度可以随时更改。len 是 length 的缩写，表示长度，即列表中的元素数量。

使用 min(list) 可以确定列表中的最小值，而 max(list) 可以确定最大值。

```
print min(number_list)
print max(number_list)
```

此处的结果可能是数字 1 和 6，除非是偶然情况，两个数字之一没有被掷出来。

用于列表的另一个便捷方法是 sort()。Sort 表示"分类"，用这条命令也能工作。

```
number_list.sort()
```

可以对列表中的元素从最小到最大进行排序。

```
print number_list
```

现在得出：

```
[1, 1, 1, 1, 2, 2, 2, 3, 3, 3, 3, 4, 4, 4, 5, 5, 6, 6, 6, 6]
```

一种"用相反方法"进行 sort（分类）就是 shuffle 命令（shuffle 的意思是"混合"）会提供一份完全随机混合的列表。但是，它不属于内置列表命令，而是属于随机模块，该模块还包含所有其他随机数函数。

使用

```
random.shuffle(number_list)
```

刚刚整齐排序的列表又被重新整理了（不要忘记事先导入随机模块）。

函数 list.count(value) 也很有趣。

使用此函数，你可以了解到数值在列表中出现的频率。

```
print number_list.count(6)
```

输出列表中，数字 6 出现过几次。在这种情况中是 4（投掷出四次 6）。

例如，你可以让一段程序掷骰子 120 次，将每个投掷骰子的结果添加到列表中，然后使用 count（计数）对数字 1 到 6 进行评估，评估每个数字被掷出的次数。在 Python 中如何运作？自己尝试一下！

```
import random
number_list = []
repeat 120:
    number = random.randint(1,6)
    number_list.append(number)
```

```
for wnumber in range (1,7):
    print wnumber, ":", number_list.count(wnumber)
```

你将获得列表中所掷出的数字以及每个数字的掷出次数作为结果：

```
1 : 22
2 : 20
3 : 25
4 : 21
5 : 18
6 : 14
```

因此，你可以使用列表进行不错的评估。

如果你不想掷骰子掷到 120 次，而是要掷 100,000 次，那么此方法会达到极限，因为程序必须先创建一个包含 100,000 个元素的列表，然后对它们进行 6 次评估。这比较消耗内存，主要还是浪费时间。

实际上，我们并不需要单个掷出的数字和其先后顺序，因此没有必要先将每个数字保存在列表中。想要评估大量的骰子点数还有一个更好的方法。

为此，你只需使用一个包含 6 个元素的简短列表。每个元素都为 0。如果掷出一个 1，则将第一个元素增加 1；如果掷出 2，则增加第二个元素的数字，依次类推……最后，列表中的数字全部都是掷出骰子点数 1 到 6 的次数。该程序具体如下：

```
import random
numbers = [0,0,0,0,0,0]
repeat 100000:
    number = random.randint(1,6)
    numbers[number-1] = numbers[number-1] + 1
for z in range(6):
    print z+1,":",numbers[z]
```

每个骰子的点数被计入：

```
numbers[number-1] = numbers[numberl-1] + 1
```

为什么是 number-1 ？因为列表从 0 开始，但是骰子上的数字从 1 开始。因此，掷出骰子的一点被计入 numbers[0] 中，掷出骰子的另一点计入 numbers[1]，依此类推。在输出时，将其反过来：从 0 到 5 进行计数，但始终输出 z+1。

你现在甚至可以用它评估 100 万个掷出的骰子点数。时间也不会延长两三秒。

除了将元素添加到列表中的 append 方法，当然还有相反的删除方法，用于删除列表中的元素。

比如，numbers.remove(0) 可以完全删除列表中的第一个元素（使用字符串索引 0）。列表中就只有 5 个元素了。当一个元素被删除，其他的就会相应补位——numbers[1] 稍后就变为字符串索引的 0，并以此类推。

彩票号码选号提示

下一个任务是编写一个程序，为下一次彩票抽奖提供建议的数字。谁知道——也许这就是赢得百万奖金的提示！

彩票抽奖池有 49 个小球，编号为 1 至 49，其中按顺序抽出 6 个。简单的事，事先猜对 6 个正确数字的人，就能够赢得百万奖金。

即程序应在 1 到 49 之间连续确定 6 个随机数并显示。没有比这更容易的事情了，你可能会想到并写出以下的小程序：

```
import random
repeat 6:
    print random.randint(1,49)
```

然后，它并不能真正可靠地运行。例如可能发生如图 11.1 所示的情况。

但是，数字不能多次出现。在真正的彩票中，这是不可能的。因此，你必须找到一种方法来确保数字不会重复抽出两次。而使用列表工作就能解决这个问题。

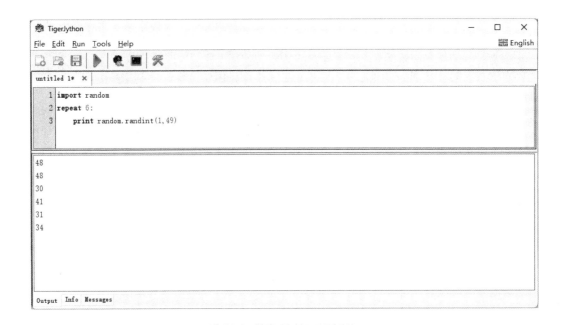

你知道如何操作吗？我想马上说，至少有三种方法可以解决这个问题。想想看！

第一种方法：检查并在需要时重复

第一种方法具体如下：从 1 至 49 之间连续抽出 6 个数字，并添加到列表中。在抽取之后，会借助列表检查每个数字，如果它已经存在，则重新抽取并与列表进行比较，直至出现未在列表中的数字，由此保证数字不会重复出现。程序大致如下：

```
import random
lottery_tip = []
repeat 6:
    number = random.randint(1,49)
    while number in lottery_tip:
        number = random.randint(1,49)
    lottery_tip.append(number)
print lottery_tip
```

测试一下——你可以运行程序任意次，而不会再出现重复的数字。使用 while 查询可以确保每次抽取的数字都从未被抽取过，如果已经出现过，则重新抽取。

这样就可以了，但是这个程序却不够讲究。为什么不够好？使用这种方法时，不会提前知道出现尚未出现的数字前需要抽出几次。从理论上讲，可能出现已经抽出的数字一遍又一遍地被抽出，程序会一直运行（在实践中，由于随机数的分布可能很难出现这种情况）。这一程序的运行就像，你每次抽出球后又将球扔进去，然后每次抽出后都要检查新抽出的数字是否已经被抽出过。我们无法准确预测程序会如何运行。

第二种方法：模拟真实过程

为什么不干脆像实际情况那样操作呢？这意味着，我们需要做的第一件事是准备一个大水桶，其中放有从 1 到 49 的数字。当然，我们使用包含 1 到 49 所有数字的列表，而不是一个桶。我们可以为此使用 range 命令来实现这一点：

```
total_list = range (1,50)
```

现在，我们要抽取这些数字中的一个，然后从"大桶"（列表）中删除这个被抽出的数字，然后再抽取下一个。这样，数字就不会重复了，因为被抽出的数字不再出现在列表中。就和真实的过程一样。

必须注意：在每次抽取时，可用的元素数量就要少一个，因为总是会少一个数字。（与真实过程一样，在第一次抽取时，可以从 49 个数字中抽取一个，在第二次抽取时变为 48 个，然后是从 47 个数字中抽取 1 个）。我们始终使用 len(total_list) 确定 total_list 中仍然可用的数字。程序具体如下：

```
import random
total_list = range (1,50)
lottery_tip = []
repeat 6:
    number = random.randint(1,len(total_list))
    lottery_tip.append(total_list[number-1])
    del(total_list[number-1])
print lottery_tip
```

你也可以尝试。在存在疑问的情况中，它的运行速度也比第一个程序更快（虽然很难感觉到）。但是，最重要的是，它是可靠的，在平稳运行六次后结束，并且不会产生重复的数字。

使用 Python 模拟任务的原始流程常常是非常值得的。

但是我想展示的第三种方法是最聪明的，因为它写入的程序最短。

第三种方法：使用巧妙的技巧

第三种方法十分简单：使用 range 功能再次创建一个从 1 到 49 的包含所有可用数字的列表。然后使用 random.shuffle 命令可以随机进行混合。然后，直接选用此列表的前 6 个数字作为彩票号码（也可以是最后几个数字或从中间开始获取的几个数字）。混合后，所有数字都是随机排列的）。

程序大致如下：

```
import random
total_list = range(1,50)
random.shuffle(total_list)
lottery_tip = total_list[0:6]
print lottery_tip
```

这个程序复杂程度极低，没有任何循环或查询。创建一个包含 1 到 49 所有数字的列表，将其混合在一起，并且将前 6 个数字显示为彩票选号数字。这不可能出现重复的数字，因为每个数字只在 total_list 中出现一次，每次都是随机从 1 至 49 之间抽取 6 个数字，每次都是不同的组合。有时，在找到编写程序的最佳方法之前，你必须朝不同方向思考。最佳算法通常是最容易编写或运行最快的算法，或两者兼而有之。

第四种方法：使用实用的内置"random"函数

现在，我们已经找到了最佳算法，事实证明，还有一种更简便的方法。对于许多程序而言，你只需要使用 Python 模块中已经存在的功能！例如，从列表中抽取几个随机数。在随机模块中，有一个名为 sample(list, number) 的命令，此命令会自动从列表中选择一些随机抽取的不同数字。这正是我们需要的！

我们的程序还需要进一步缩短。

```
import random
total_list = range(1,50)
lottery_tip = random.sample(total_list,6)
print lottery_tip
```

非常实用，对不对？可以进一步调整为：

```
import random
lottery_tip = random.sample(range(1,50),6)
print lottery_tip
```

如果按大小排序输出数字，只需在 print 前添加另一个列表命令即可。

```
lottery_tip.sort()
```

这确保了彩票号码列表中的数字从小到大排序并输出（如图 11.2 所示）。

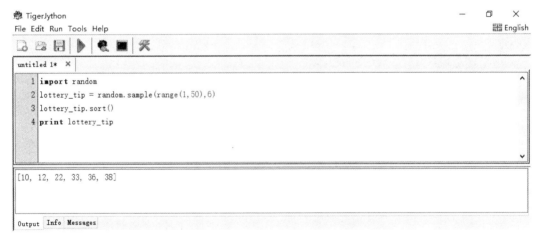

图 11.2 一个游戏结束的完整源代码——电脑有 6 个中奖答案

彩票游戏：自己选号赢大奖

如何在一个小游戏中拓展模拟的彩票抽奖过程？你先自己键入 6 个数字，然后再抽取看看，有几个数字是正确的。你在此过程中不仅学习了如何编程，还能了解关于彩票的中奖机会。

首先，你需要一个包含 6 个元素的列表，其中包含你的个人选号。你不应该只是将选号简单写入程序代码中，而是应通过 input 逐步输入。通过将每个条目附加到列表中循环，运行将非常容易。

```
myGuess = []
repeat 6:
    t = input("Enter a guessed number:")
    myGuess.append(t)
```

现在，我们有了带有选号的列表。现在是抽奖。我们按照第四种方法所述进行操作，这是最快的。

```
all_numbers = range(1,50)
draw = random.sample(all_numbers,6)
```

只需导入随机模块，然后根据大小对两个列表进行排序，然后输出，接着第一个版本就完成了：

```
import random
myGuess = []
repeat 6:
    t = input("Enter a guessed number:")
    myGuess.append(t)
all_numbers = range(1,50)
draw = random.sample(all_numbers,6)
myGuess.sort()
draw.sort()
print myGuess
print draw
```

你现在可以连续输入 6 个数字作为选号，并且你有了输出的选号列表（已排序）以及输出的抽奖号码——你可以自己比较，有几个数字是选择正确的。但是不可能自已比较，这当然需要由程序完成。

程序如何确定你猜对了几个数字？

不难的。你只需要查看选号列表中的每个元素（优选 for 循环），然后检查它是否包含在 draw 列表中。如果包含，你就选对了一个正确的数字，这个数字可以添加到正确选号的数量中。最后，输出选择正确的号码数量。你在程序的末尾添加以下几行：

```
right = 0
for z in myGuess:
    if z in draw:
        right = right + 1
print "Correct guessed numbers:",right
```

当然，你必须输入六个不同的有效数字作为选号。程序将完成其余的工作。

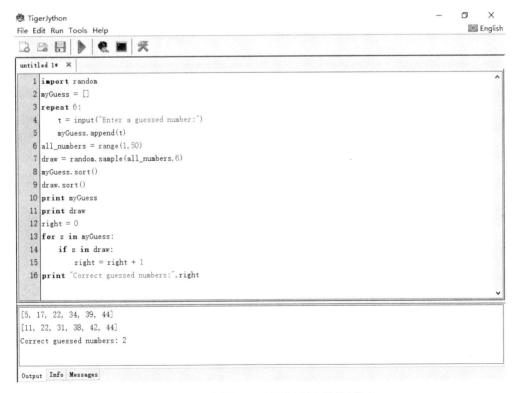

图 11.3：没有正确选号——这种情况的出现频率更高……

你已经获得全盘胜利了吗？记住，只有一个正确的选号根本不会赢，只有两个正确的选号也不会赢，有三个正确的选号能赢得 10 欧元左右。四个选号正确就会带来 35～50 欧元。只有达到 5 个正确的选号才能有所获利，获得几千欧元——而 6 个选号都正确的时候，才能赢得六十万至一百万欧元。一张彩票价值 1 欧元（加上少量其他费用）。

让我们用一个程序来测试概率。你提供一组选号，然后让程序抽取 100 组号码。只输出你能获奖的组合。你只需要做一点点修改：

```python
import random
myGuess = []
repeat 6:
    t = input("Enter a guessed number:")
    myGuess.append(t)
myGuess.sort()
all_numbers = range(1,50)
repeat 100:
    draw = random.sample(all_numbers,6)
    draw.sort()
    right = 0
    for z in myGuess:
        if z in draw:
            right = right + 1
    if right > 2:
        print myGuess
        print draw
        print "Correct guessed numbers:",right
```

也许你能在这个过程中获得一点有关彩票中奖机会的灵感。你有两次选对了四个正确选号，也有几次选对了三个正确选号，但是你可能已经付出了 100 欧元。没有付出很多钱，可能很难中奖。

如果你想，你还可以在结尾建立一个评估，出现了几次对了几个选号的情况，以及赢了多少钱。最好的方法是输入你希望抽奖抽几次，并且在最后评估列表中有正确选号的总数（win[3] 至 win[6]）。

程序大致如下：

```
import random
myGuess = []
total = input("How many times do you want to draw?")
win = [0,0,0,0,0,0,0]
repeat 6:
    t = input("Enter a guessed number:")
    myGuess.append(t)
myGuess.sort()
all_numbers = range(1,50)
repeat total:
    draw = random.sample(all_numbers,6)
    draw.sort()
    right = 0
    for z in myGuess:
        if z in draw:
            right = right + 1
    if right > 2:
        win[right] += 1
print "Evaluation - ",total,"Draw, Pay ",total,"Euro:"
print "Three correct numbers:",win[3]," Bonus:",win[3]*10,"Euro"
print "Four correct numbers:",win[4]," Bonus:",win[4]*45,"Euro"
print "Five correct numbers:",win[5]," Bonus:",win[5]*4000,"Euro"
print "Six correct numbers:",win[6]," Bonus:",win[6]*800000,"Euro"
```

这个程序可真够长的。但是也做了很多事情。首先输入抽奖次数，然后输入所有 6 个彩票选号，接着执行抽奖并进行评估，你花了多少钱、选对了多少次以及赢了多少钱。尝试一下，当你下赌注时，是否可以赢得更多？如果不行，那么你就像大多数彩票玩家一样。如果你不能中奖，可能应该去下一个彩票投注点买彩票！

多维列表

彩票玩儿够了。现在弄点实用的内容。

你现在已经学到了很多有关列表的知识，几乎是所有你需要的内容。还有一件事很重要，我们现在就开始了解。

列表可以包含数值和字符串。这你已经知道了。然而，列表还可以包含列表。是的，列表的每个元素都可以是一个列表。如何做？

这里有一个示例：一份包含三组单词的列表。这些单词组中的每一组都由一份包含两个单词的列表组成，其中一个单词是德语单词，一个是英语单词。

```
words = [ ["Tisch","table"] , ["Auto","car"] , ["Haus","house"] ]
```

现在，你如何获得这些值？

```
print words [0]
```

得到结果：

```
['Tisch', 'table']
```

符合逻辑，因为这个小列表是大列表 words 的第一个元素。为了可以再次访问小列表中的单个元素，我们需要第二个有一个字符的字符串索引，因为我们现在有一个二维列表：

```
print words [0] [0]
```

这将得到期望的内容：

```
Tisch
```

```
print words [0] [1]
```

得到：

```
table
```

使用 for 循环，你现在可以查看大列表的所有元素，然后再次对其进行细分。例如：

```
words = [["Tisch","table"],["Auto","car"],["Haus","house"]]
for wor in words:
    print wor[0],"is called",wor[1]+"."
```

输出为：

```
Tisch is called table.
Auto is called car.
Haus is called house.
```

浏览 word 元素时，都需要使用 wor 引用子列表中的每个元素。在此过程中，wor[0] 是德语词汇，wor[1] 是英语词汇。

由此，你现在完全可以制作一个小的词汇训练工具：

```
words = [["Tisch","table"],["Auto","car"],["Haus","house"]]
for wor in words:
    inPut = input("How to say "+wor[0]+" in English?")
    if inPut == wor[1]:
        msgDlg ("Correct!")
    else:
        msgDlg ("Sorry, it is wrong!")
```

都明白了吗？单词对的列表使用 for 检查，单词对的第一个单词（德语）与 input 命令一起显示，并且输入内容保存在变量 inPut 中，然后将第二个单词（英语）与 inPut 进行比较。结果要么是对，要么是错，然后显示下一对单词，接着轮到下一对。

你现在可以继续拓展这个词汇训练工具。当然，你可以写入自己独特的单词，并且可以拓展到更多词汇。为了使学习更加多样化，可以混合所查询词汇的顺序。你还记得如何操作吗？你需要随机模块以及 random.shuffle(list) 命令。开头是这样的：

```
import random
words = [["Tisch","table"],["Auto","car"],["Haus","house"]]
random.shuffle(words)
```

当然，你可以对回答了多少正确答案和多少错误答案进行计数。为此，你需要 right 和 false 两个变量。你可以在开始时将其设置为 0，并在每次回答正确或错误时相应增加计数。最后显示出有多少个正确回答和多少个错误回答。你能独立做出来吗？肯定行！先试试看，再查看解决方案。

```
import random
words = [["Tisch","table"],["Auto","car"],["Haus","house"]]
random.shuffle(words)
right = 0
false = 0
for wor in words:
    inPut = input("How to say "+wor[0]+" in English?")
    if inPut == wor[1]:
        msgDlg("Correct!")
        right = right + 1
    else:
        msgDlg("Sorry, it is wrong!")
        false = false + 1
print "right answers:",right," - false answers:",false
```

总结：列表

列表由几个元素组成，这些元素在列表中汇总并分配给一个变量。将列表内容写入方括号之间定义列表，各个元素之间使用西文逗号隔开。

列表可以包含数值形式的元素、带西文引号的字符串，甚至在方括号中的其他列表。

列表可以作为整体通过其变量名引用。列表中的各个元素可以通过变量名和方括号中元素的字符串索引进行引用。列表的第一个元素的字符串索引始终为 0。对于多维列表（列表中包含列表），可以使用方括号中的多个字符串索引依次引用各个元素。

我们已经了解了列表的以下命令和功能：

list1+list2	将两个列表合并为一个汇总的列表
list*5	连续复制列表的元素五次
list[0]	引用列表中的第一个元素
list[-1]	引用列表中的最后一个元素
list[2:4]	引用列表中字符串索引中第 2 个至第 3 个字符
list[:5]	引用第一个至第五个元素（0 至 4）
list[:]	引用列表中第一个至最后一个元素（也就是整个列表）
list[1][3]	引用列表中元素 1 的元素 3（当列表中的元素还是列表时）
len(list)	获取列表元素的数量
min(list)	获取列表中的最小元素
max(list)	获取列表中的最大元素
del(list[0])	从列表中删除元素 0
list.append(value)	将 value 作为新元素添加至列表的末端
list.count(value)	获取 list 中包含几个 value
if value in list:	检查列表中的 value 是否作为元素包含在内
list.sort()	从小到大对列表中的元素进行排序
random.shuffle(list)	随机混合列表中的元素（需要随机模块）

还有很多用于 Python 列表的函数、方法和命令，你可以在网络中搜索 Python 文件，但是此处列出的在编程任务中使用十分普遍。

现在，你已经了解了 Python 的所有重要基本元素。你知道用于输入、输出和计算的最重要的命令，知道如何使用变量，可以使用条件和循环构建程序，还可以使用列表。缺少的是几个函数和对象。稍后就会轮到学习这些内容。现在，让我们用自己已经学会的内容做些有意思的事情。尝试将我们的知识用于图像模块。让我们动手做起来！

## 第十二章

海龟——一种图形机器人

你已经了解不少 Python 编程知识了。现在，应当开始涉及如何使用 Python 控制图像以及如何编写控制程序。在控制台上一直只能输入输出字母和数字，这总会变无聊的。因此，你现在要学习一些使用 Python 在屏幕上输出并控制图像的方法。

在各个领域中 Python 具体能够实现什么，始终取决于你装入的模块。模块不仅可以提供其他命令和函数，还可以为我们提供整个界面和输出窗口，我们可以在其上创建造型和图形样式。现在，Python 还可以显示经过视觉处理的人脸。

在本章中，你将使用一个叫作 G- 海龟（gturtle）的模块进行工作。

G- 海龟是一个海龟绘图模块（这意味着它与海龟图形模块，即英文 Turtle-Graphic 类似）。该模块包含一些命令和函数，可以用其创建绘图窗口，在其上控制图标（通常是海龟，但你也可以更改），图标会留下痕迹，也就是可以绘制图形。

G- 海龟在窗口中为我们提供了类似绘画机器人的功能——你可以使用 Python 控制该机器人。

首先，必须导入模块 G- 海龟。你可以使用

```
import gturtle
```

导入，但是你必须在此模块其他每条命令前写下 gturtle 和一个点（和我们对随机模块所做的一样）。由于我们会在此处使用许多 G- 海龟命令，因此我们需要减轻工作，并且将所有 G- 海龟模块中的命令直接导入 Python 引擎中。

```
from gturtle import *
```

现在，我们可以使用该模块的所有命令，而无须使用前缀 gturtle 了

控制海龟

你将学习的第一个海龟绘图命令是：

makeTurtle()

意思是"创建海龟。"使用此命令会创建一个有海龟的绘图窗口。你始终需要将此命令作为第一条命令，因为只有这样，你才能启动输出窗口并控制海龟。

我们直接试试：

```
from gturtle import *
makeTurtle()
```

当你启动程序时，会马上出现"海龟游乐场"（Turtle Playground）如图 12.1 所示：

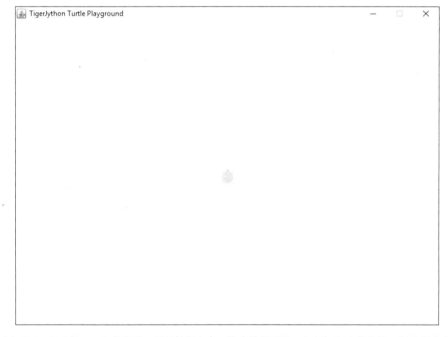

图 12.1 （ ）

可以将海龟改为其他颜色吗？你可以在 makeTurtle 命令的括号中写入英语的颜色名称，用于指定颜色：

```
makeTurtle("red") or makeTurtle("brown")
```

不知道你喜欢什么颜色。我喜欢中性灰色的海龟：

```
makeTurtle("gray")
```

你还可以更改海龟的形状或绘图窗口的大小。但是，我们现在暂时保留标准配置，稍后我们再处理这些细微之处。让我们现在开始吧。我们想让海龟动起来。G- 海龟模块为我们提供了许多可以在 Python 中使用的移动命令。

第一条命令是：

```
forward(width)
```

Forward 的意思是"向前"——输入的距离（width）以像素为单位。1 个像素是屏幕上的一个点。

所以尝试一下：

```
from gturtle import *
makeTurtle("gray")
forward(100)
```

正如你看到的那样（如图 12.2 所示）：使用 forward 命令，海龟会向前移动——朝着头部指向的方向移动。在这种情况下就是向上。海龟在自己的身后留下一道痕迹。你可以和海龟一起画画！

Back(width) 命令执行相反的操作——海龟向后走动。试试看：

```
from gturtle import *
makeTurtle("gray")
forward(100)
back(100)
```

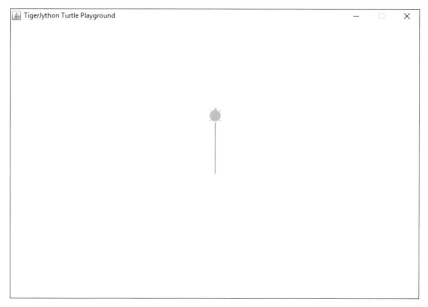

图 12.2 习惯向上移动 100 个像素并画出一条线

现在，海龟应该能够在一条线上上下移动。为了能够有意义地进行绘图，海龟必须能够转动。为此，有两条命令。即：

left(angle)	向左转动
right(angle)	向右转动

角度始终取决于海龟的当前方向。因此，0 度意味着海龟根本不会转动，而在 180 度时它会朝相反的方向转动。90 度正好是直角，即向右侧或向左侧形成直角。

使用正确的角度，你可以立即绘制一个漂亮的正方形（如图 12.3 所示）。

```
from gturtle import *
makeTurtle("gray")
forward(100)
right(90)
forward(100)
right(90)
forward(100)
```

```
right(90)
forward(100)
right(90)
```

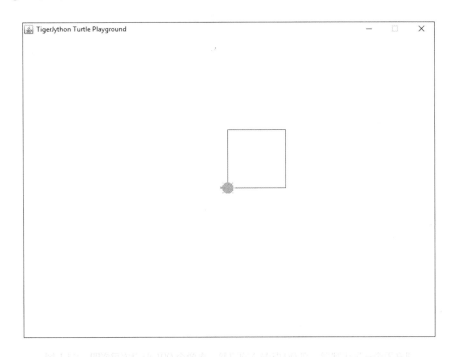

但是等一下！你已经不是 Python 新手了。该程序执行四次相同的操作——向前行走 100 个像素，然后向右旋转 90 度。我们正在使用的当然是一个循环。

```
from gturtle import *
makeTurtle("gray")
repeat 4:
    forward(100)
    right(90)
```

这使程序更短，并且执行相同的操作。

凭借你的编程技能，你已经可以使用海龟做很多事情了。

试试以下程序：

```
from gturtle import *
makeTurtle("gray")
width = 10
repeat 50:
    forward(width)
    right(90)
    width = width + 10
```

首先仔细观察、思考，然后再开始。width 设置为 10。因此，海龟将执行相同的操作 50 次：前进 width 中说明的像素数量，也就是 10，然后向右旋转 90 度，接着 width 增加 10。所以下一行是 20 像素长，然后再转，再向前行走 30 像素……最后会形成一种什么样的结构（如图 12.4 所示）？

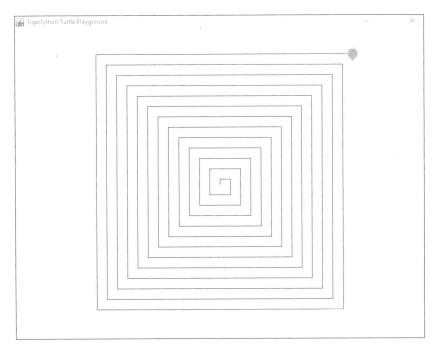

图 12.4　绘制的矩形螺旋

因此，你可以仅用几行 Python 代码来绘制有趣的图形，而只需要多次重复，每次更改一次值即可。

为什么用海龟画画需要这么长时间？ Python 真的这么慢吗？ 当然不是。默认情况下，海龟的速度设置为慢速，以便你可以轻松看到正在发生的事情。使用 speed（速度）函数，你可以更改海龟前进时的速度。1 为极慢（每秒 1 个像素），1,000 则非常快。试试添加

```
speed(1000)
```

在 repeat 循环之前，海龟会变得更快。

但是最快的方法是不再显示海龟。使用命令

```
hideTurtle()
```

你可以使海龟不可见，并且绘图变得如闪电般快速。将 speed(1000) 命令替换为 hideTurtle() 命令。

螺旋形状瞬间画好。顺便说一句，你可以再次使海龟可见，只需要使用以下命令：

```
showTurtle()
```

任务

让海龟画一个三角形。

如何编写程序？ 对于正方形，你必须绘制四条线，绘制中需要多次向右旋转 90 度。当然，4×90 度等于 360 度——这就是绕了一圈。三角形也是类似的。你只需要绘制三条线（例如长度为 200 像素），并且每次旋转 120 度，那么 3×120 度也是 360 度——这样最终肯定能画出封闭的图形（如图 12.5 所示）。

```
from gturtle import *
makeTurtle("gray")
repeat 3:
    forward(200)
    right(120)
```

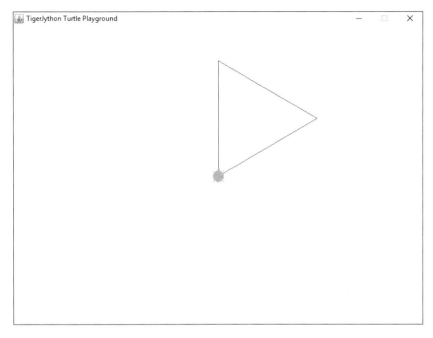

那么六边形呢？你可以自己更改程序，利落地画出六边形吗？符合这个逻辑，是不是？

```
from gturtle import *
makeTurtle("gray")
repeat 6:
    forward(100)
    right(60)
```

这不是画三条线了，而是绘制六条线，长度还是 100 像素，这样画出的图形不会太大，角度就是 360 度除以 6，即为 60 度。

你现在可以将其变为一个通用的模式。用户需要输入绘制的图形有多少个角，程序就会基于数字绘制出等边三角形、五、七、九、十或 n 边形。

请注意以下事项：期望的角越多，那么海龟的步距就应当越小。最佳的情况是，用 600 像素除以角的数量。角的数量和边的数量相等。绘制之后旋转的角度始终为 360

度除以角数。

你能做出这样一个程序吗？尝试一次！然后，可以将你写的程序与此处的版本进行比较：

```python
from gturtle import *
makeTurtle("gray")
angles = input("How many angles?")
width = 600 / angles
repeat angles:
    forward(width)
    right(360 / angles)
```

使用不同的值测试程序。你观察到了什么？

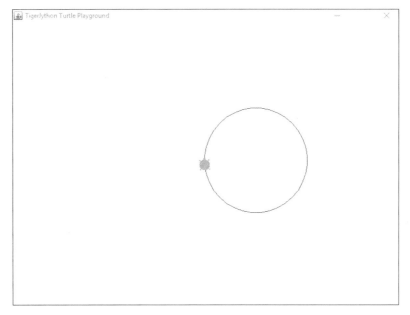

具体而言，绘制的角越多，等边 n 边形就越像圆形（如图 12.6 所示）。因此，理想的圆就是一个具有无数个角的等边 n 边形······但是由于计算机屏幕的分辨率有限，所以 36 个角就足以绘制出一个漂亮的圆形了。

任务

编写一个海龟绘图程序，绘制一个锯齿形的图案和 / 或楼梯。为此使用重复（repeat）命令。

其他海龟绘图命令

G- 海龟模块非常强大。下面要做的可比让海龟向前移动和转动多很多。

我们已经学到了命令 forward()、back()、right()、left()、hideTurtle() 和 speed()。现在有一些新命令（如表 12.1 所示）。

表 12.1　G- 海龟模块中的命令

penUp()	提笔 = 让海龟不再留下线条
penDown()	落笔 = 让海龟在移动中留下线条
setPenColor(" 英文颜色名 ")	用于选择海龟绘画时线条的颜色。
penWidth(宽度)	用于设置绘制线条的宽度（单位为像素）。
dot(直径)	围绕海龟所在的位置画一个实心圆
startPath()	开始绘制要填充的图形
fillPath()	结束绘制图形并填充
setFillColor(" 英文颜色名 ")	选择填充色
home()	将海龟设置在原始位置：窗口中心，海龟头向上
setPos(x,y)	将海龟坐标设置为（x，y）
moveTo(x,y)	将海龟坐标移动到（x，y）
setRandomPos(b,h)	将海龟设置在宽度（w）和高度（h）内的任意位置上
setRandomHeading()	将海龟的角度设置为 0 到 360 之间的随机数值

实际上，这些只是 G- 海龟模块中所有可用的众多海龟绘图命令中的几个。你可以在 G- 海龟模块的文档中找到总览，也可以直接从 TigerJython 进行调用。为此，请在菜单中选择 "Help" 中的 APLU 文档。

让我们从第一个开始：使用 penUp() 和 penDown()，可以关闭或打开海龟上的笔。关闭时，海龟可以移动但是不会画线。

有一个有趣的相关示例：

```
from gturtle import *
makeTurtle("gray")
repeat 30:
    penDown()
    forward(10)
    right(6)
    penUp()
    forward(10)
    right(6)
```

海龟会再次绘制一个"圆形"，但这次总是使用 penDown() 绘制路线的一半，并使用 penUp() 绘制另一半路线。这样你就会得到一个虚线圆圈（如图 12.7 所示）。

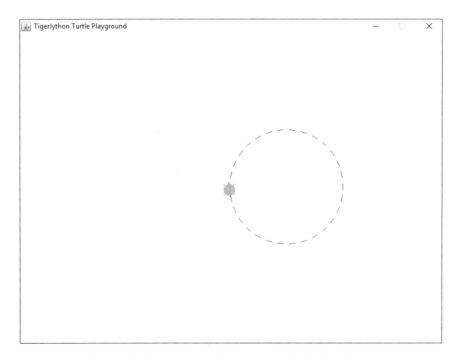

图 12.7 使用 "penDown()" 和 "penUp()" 绘制的虚线圆圈

当然，海龟不仅可以被涂成蓝色，还可以涂成任何你想要的颜色。为此，你必须使用命令 setPenColor（"英文颜色名"）说明需要使用哪种颜色。颜色名称必须为英语。国际上定义的"X11- 颜色集"中的所有颜色都可以使用。

首先，我们只使用经典的英语颜色名称：

black, white, blue, red, yellow, green, brown, pink, purple, orange, gray

所有颜色都能流畅运行。

对于宽度大于 1 像素的线，我们可以使用以下命令

```
setLineWidth(width)
```

设置海龟画出的线条有多粗。还有一条命令：

```
dot(d)
```

使用这条命令可以以海龟所在位置为中心绘制一个直径为 d 的实心圆。

如果你想将不同颜色的珠子穿在一条漂亮的链子上，可以这样做：

```
from gturtle import *
makeTurtle("grey")
setLineWidth(3)
setPenColor("red")
right(45)
forward(40)
dot(25)
setPenColor("blue")
forward(40)
dot(25)
setPenColor("green")
forward(40)
dot(25)
```

在每条线之后可以绘制一个圆，然后更改颜色。

等等，你现在可以说：这看起来又很麻烦了。如果我不是只画 3 个珠子，而是用 10 种颜色画出 10 个珠子，是否必须使用其他颜色连续写入 10 次相同的命令？怎么可

能！你说得对。我们可以在此处再次使用循环——但是，每次选择不同的颜色，必须为颜色指定名称。有没有对此的解决方案？

当然。你回想一下，列表中有哪条命令可以用于实现这个想法？你可以使用 for 循环进行处理……

怎么会这样？

```python
from gturtle import *
colors = ["black", "blue", "red", "yellow", "green", "brown",
          "pink", "purple", "orange", "gray"]
makeTurtle("gray")
setLineWidth(3)
right(45)
for f in colors:
    setPenColor(f)
    forward(40)
    dot(25)
```

现在，即使是出现 10 种不同的颜色，程序依然较短（如图 12.8 所示）。这又是一个不错的列表示例。

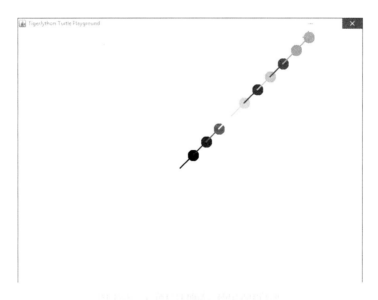

带有坐标的图像

由于已经学过列表，现在我们马上开始学习带有坐标的新命令。海龟不仅可以向前移动一定距离并旋转，还可以将其设置在窗口中的某一特定点，或者朝向这个点移动。这些点使用坐标进行说明，即 x 位置（水平）和 y 位置（垂直）。坐标的原点（0,0）通常恰好位于窗口的中心。坐标原点的右侧是正的 x 值，左边的所有部分都为负值。坐标原点的上方是正的 y 值，下边的所有部分都为负值。

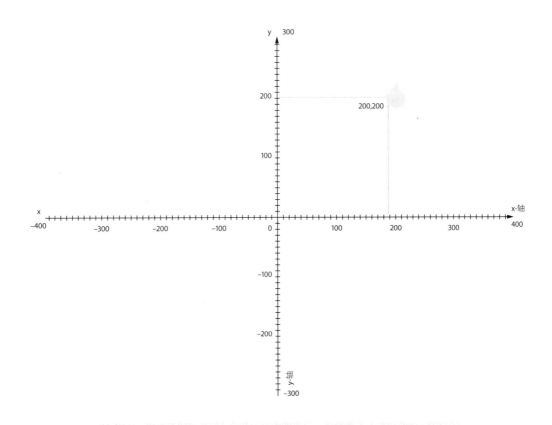

使用此命令：

```
setPos(0,0)
```

海龟在窗口的正中央，使用 setPos(200,200) 可以让海龟进入右上角的区域（如图 12.9 所示）。

在海龟游乐园的标准窗口中，绘图区域正好是 800 像素宽和 600 像素高。因此，可见区域的坐标范围为 –400 至 400（x 值）和 –300 至 300（y 值）。

使用 Python 可以便捷地绘出 x 轴和 y 轴：

```python
from gturtle import *
makeTurtle()
hideTurtle()
setPenColor("black")
setPos(-400,0)
moveTo(400,0)
setPos(0,-300)
moveTo(0,300)
```

有了这个小程序，用黑线绘制的坐标系会马上出现在海龟绘图的窗口中。

现在，你可以通过逐个输入海龟应当移动到的坐标，用于绘制任何图形。在这里，列表也是非常实用的，因此你不必连续编写上百条命令。由于每个点都需要两个坐标值（x 和 y），因此我们建议使用由迷你列表（坐标对）组成的列表。

试试看：

```python
from gturtle import *
makeTurtle("grey")
setPos(-100,-200)
figure=[ [100,0],[-100,0],[100,-200],[-100,-200],[-100,0],
        [0,150],[100,0],[100,-200]]
for coord in figure:
    moveTo(coord[0],coord[1])
```

各个点的坐标都在一个列表中，然后可以使用变量 coord 直接对元素逐个进行处理。由于每个坐标本身都是一个列表，因此坐标的 x 位置为 coord[0]，y 位置为 coord[1]。

这样会画出什么？这是一个著名的图形（如图 12.10 所示）。

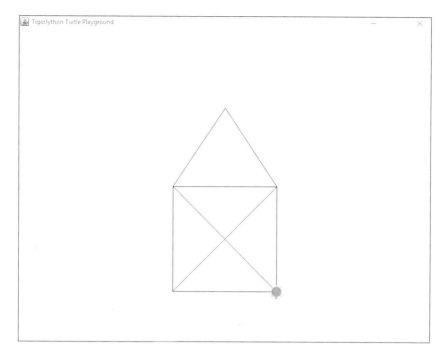

你可以多尝试一下，程序可以更改为其他画笔颜色、画笔粗细，随时添加你想要的内容。

为函数图像编程

提到坐标，许多人都会想到数学课，或者物理课。这说的没错。如果你创建了一个坐标系，可以在其中输入数值。例如，一段时间的气温数值或数学函数图像。当然，Python 可以令人惊叹地自动做出图像。

例如，正弦曲线看起来很酷，并且在 Python 中很容易生成——即使你不能确切地知道正弦值到底是什么，也可以做出来。

为此，正如已经尝试过的那样，我们首先用黑线绘制 x 轴和 y 轴。

现在，我们从左到右走遍整个 x 轴。也就是从 –400 到 +400。这些数字中的每一个都可以得出一个正弦值，正弦值在 –1 和 1 之间，书写时中间用一个逗号隔开。我们必须将其乘以期望的高度，以使曲线真正可见。要更改曲线的宽度，我们可以使用 x 值除以宽度。该图的正弦公式如下所示：

```
width = 50
height = 200
for x in range(-400,401):
    moveTo(x,sin(x/width)*height)
```

由于正弦是数学模块中的函数，必须先从数学模块中导入 sin 命令。最后，我们会有以下程序：

```
from gturtle import *
from math import sin
makeTurtle()
hideTurtle()
setPenColor("black")
setPos(-400,0)
moveTo(400,0)
setPos(0,-300)
moveTo(0,300)
showTurtle()
setPenColor("blue")
setLineWidth(2)
speed(1000)
width = 50
height = 200
setPos(-400,sin(-400/width)*height)
for x in range(-400,401):
    moveTo(x,sin(x/width)*height)
```

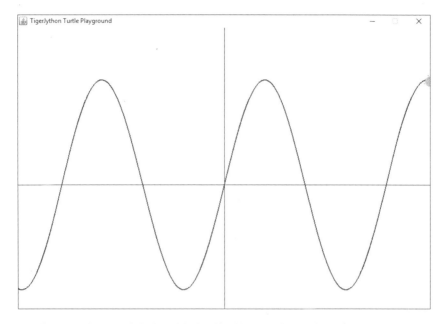

图 12.11　尝试为一各标准不多赋弦，结画赋调与点（0,0），因为 sin(0)为 0

你可以尝试为高度和宽度分配不同的值（如图 12.11 所示），看看曲线如何变化。如果你不希望等待海龟缓慢绘制整个曲线，只需删除命令 `showTurtle()` 和 `speed(1000)`，就会快如闪电。

创建随机图片

使用已经详细学过的随机模块，你当然也可以创建随机图片。这非常简单。创建一个海龟窗口并绘制 1,000 个分布在窗口中的随机点。如果 Python 生成的随机数分布相当均匀，那么你应该可以在图片中清晰看到。

先尝试自己编写这个程序。循环运行 1,000 次，每次在该场景上绘制一个随机点，其随机数的 x 坐标范围从 –400 到 +400，而随机数的 y 坐标范围从 –300 到 +300。为此，你需要 G- 海龟模块，以及来自随机模块的 `randint`。你做到了吗？

这里有一个建议：

```
from gturtle import *
from random import randint
makeTurtle()
hideTurtle()
setPenColor("black")
repeat 1000:
    x = randint(-400,400)
    y = randint(-300,300)
    setPos(x,y)
    dot(3)
```

从 G- 海龟模块中导入命令，并从随机模块导入 randint 命令后，将创建一个海龟绘图窗口，然后将海龟设置为不可见，以便快速绘制，并将画笔颜色设置为黑色。

现在出现 repeat 循环，通过该循环重复绘制 1,000 次：将 –400 到 400 之间的随机值写入变量 x，并将 –300 到 300 之间的随机值写入变量 y。x 和 y 一起在窗口中产生一个随机点。然后使用命令 dot (3) 绘制（3 是半径，也可以设为 1，但是这些点会非常小，我们希望能够清楚看到点）（如图 12.12 所示）。

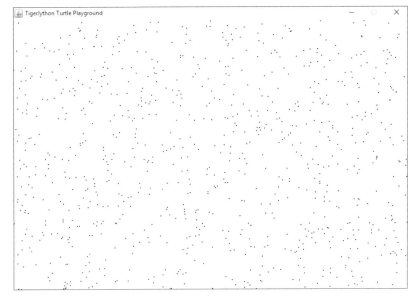

现在，试试让程序绘制 10 个和 100 个点，然后再试试 10,000 个和 100,000 个点。现在，绘图需要更长的时间。从结果中可以清楚地看到（如图 12.13 所示），相应数量随机数均匀分布在整个区域上。出现的位置你无法预测，但是数量越多，它们的分布就越规则。

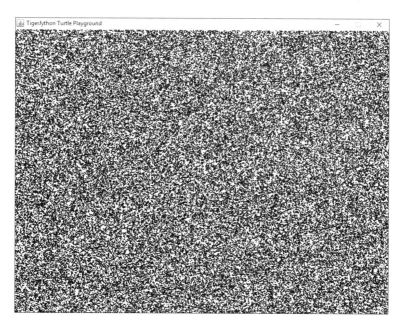

图 12.13　在 100,000 个点时，于除让人迷惑的图形之外的"雪花"

并且在 1,000,000 点时，绘图区域通常变为完全黑色。

变型：随机样式

当然，现在可以用最简单的方法产生完全不同类型的随机样式。

例如，可以将点的大小随机化，在 1 到 30 之间。你必须如何更改程序？

显然：在 dot 命令中，需要使用随机数代替 3。

```
dot(randint(1,30))
```

然后，这会产生一种有 1000 次运行的奶牛黑斑的样式（如图 12.14 所示）：

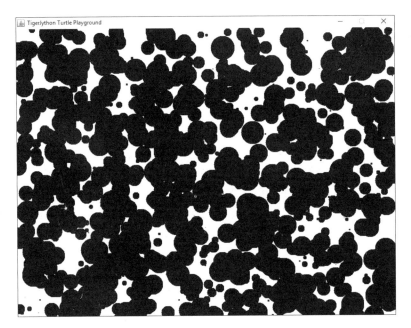

图 12.14　带有随机大小图形的斑点图案

现在，你当然可以使图片颜色更绚烂，你也可以设置随机颜色——如果是这样，你该怎么做？回忆一下，我们以前是通过颜色名称设置颜色的。你如何随机选择一个颜色名称？

非常简单：使用一个列表。我们可以使用本章前面为珍珠项链创建的列表：

```
colors=["black","blue","red","yellow","green","brown","pink",
        "purple", "orange","gray"]
```

如何从列表中选择随机颜色？你必须通过随机数字选择列表的字符串索引。该列表包含 10 个元素——因此你必须从 0 ~ 9 中选择一个字符串索引才能获得其中一个颜色名称。

```
colors[randint(0,9)]
```

这样你就可以从颜色值的列表中获得随机颜色了（如图 12.15 所示）。程序现在看起来可能是这样的：

```
from gturtle import *
from random import randint
colors = ["black", "blue", "red", "yellow", "green", "brown",
          "pink", "purple", "orange", "gray"]
makeTurtle()
hideTurtle()
repeat 3000:
    setPenColor(colors[randint(0,9)])
    x = randint(-400,400)
    y = randint(-300,300)
    setPos (x,y)
    dot(randint(1,30))
```

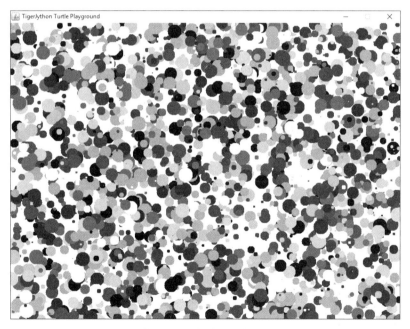

图 12.18　随机显示彩色圆点

使用内置的函数

编程的好处在于，通常有许多不同的方法可以解决同一个问题。这很有创意：找到一种使用程序完成任务的方法。首先，最重要的是运行。如果程序最终可靠而精确地完成了应当完成的工作，那么任务就完成了。但是，在计算较为困难或耗时的情况下，最终程序的简短、高效也很有意义。因为这样它才最清晰，运行速度最快。

在上一个程序中，你将自己的知识与海龟绘图的简单函数、列表和随机模块的知识相结合。通过多种技术的巧妙组合，你可以制作出五彩纸屑图像。这对于学习尤为重要。

有时候它也更容易——在这种情况下，G- 海龟模块已经为我们提供了只需要直接使用的更简单的命令。

因此，有一个内置命令将海龟设置在随机位置：

```
setRandomPos(width, height)
```

最重要的是，还有一个函数可以创建完全随机的颜色：

```
getRandomX11Color()
```

使用这两个命令，可以大大简化程序，因为你不需要为颜色和位置使用列表或模块。内置功能已为你提供了这两种功能。如果仅用随机颜色绘制 3,000 个随机点（圆的半径设置为 20 像素），那么程序将会非常短：

```
from gturtle import *
makeTurtle()
hideTurtle()
repeat 3000:
    setPenColor(getRandomX11Color())
    setRandomPos(800, 600)
    dot(20)
```

其他创意

随机绘制可以随时尝试。用随机颜色绘制随机线条（为此，你需要再次使用随机模块），更改笔的粗细，显示和隐藏海龟——有很多可以发现和尝试的地方！

你已经在 Python 中使用了很多函数，比如内置函数和以前从模块中加载的函数。函数使编程清晰明了。现在是时候创建自己的函数了。

也许你知道数学课堂中的函数，例如 f(x) = x + 7。

对于每个 x，函数 f(x) 使用 x + 7 计算得出的值定义。这是 Python 函数的基本思想——但是函数可以做的不仅仅是计算数值。

对于程序员而言，函数就像是用于计算或执行的命令。自己编写的函数并不包含在 Python 的标准命令中，它是可以执行特殊操作的命令。一个函数可以执行一个小程序，然后在必要时返回一个计算值。有的函数内置在 Python 中，例如：input("Text")，并且可以通过模块添加无数个函数，还有随机模块中的 randint(x,y) 或数学模块中的 sin(x) 或 G- 海龟模块中的 forward(x)。可能性是无限的，因为你可以随时轻松定义自己的函数。

在某些编程语言中，"过程"和函数之间存在区别。过程只是执行操作的命令。你可以单独调用：

```
msgDlg ("Hello")
```

会弹出一个带有文本"Hello"的窗口。

另一方面，"真正的"函数像变量一样使用，因为它们返回一个值：

```
x = input("Please enter a value")
```

这就返回了输入的值，并且将其写入变量 x。

但是，在 Python 中，两种类型（过程和函数）有所区别——两者都是简单的函数，你可以在有或没有返回值的情况下使用它们。它们要么直接执行某事，要么返回一个我们能够使用的值。例如，你可以使用不带变量的 input 函数：

```
input("This is an input window")
```

由此打开了一个窗口——但是无论你在其中输入什么，该值都不会保存，因为它没有分配给任何变量。

调用函数

函数的调用始终由函数名称组成，后面是小括号，小括号中为分配给函数的值（参数）。可以将一个值放在括号中——与 sin(0.8) 一样。几个值可以放在括号中以逗号分隔，和 randint(1,6) 一样。或者，当不需要为函数附加值时，括号中可以为空，因为可能需要让函数保持原样或不需要数值。

```
input()
```

顺便说一句，没有分配也没有参数时它也能工作。然后，它会弹出一个没有文本的输入窗口，输入的值也不会被保存。实际上没有任何意义，但是被允许。

编写自己的函数

你可以在 Python 模块中随时使用大量的函数。为了能够正确理解函数是什么，编写自己稍后可以使用的函数十分有意义。稍后，这些内容就会成为编程中理所当然的一部分。

让我们直接开始：我们要编写一个名为 double 的函数，该函数的作用是让数字翻倍。如何定义这个函数？

为此需要分配一条 Python 命令，即：

```
def Function_name(Variables):
```

使用 def 定义一个函数，末尾的冒号表示此函数后面有输入这一函数的缩进部分。

```
def double(value):
```

这样，你就使用名称 double 定义了一个新函数，这个函数将获得一个名为 value 的变量。传递给函数的值也可以被称为"传递参数"或"传入参数"或"参数"。也就是参数通过变量 value 传递至函数。

然后就是发挥函数的作用了。函数可以做什么？它把变量 value 的数值乘以 2，然后返回为 double 的数值。就是这样。以下是一个在 Python 中的示例：

定义
```
def double(value):
```
计算
```
    double_value = value*2
```
返回结果
```
    return double_value
```

使用 def 定义函数，使用 return 定义返回函数的结果。

输入此函数定义后，你就可以像使用 Python 中的命令一样使用 double 函数。可以放在你程序中的任意位置，可以使用任意次数。

例如，可以是这样的：

```
def double(value):
    double_value = value*2
    return double_value
x = input("Enter a value")
msgDlg(double(x))
```

都明白了吗？输入一个数值，并保存在 x 中，然后使用针对 x 的新 double 函数返回双倍值。

如刚才介绍的那样，如果以这种方式定义一个函数，那么它也可以使用多个参数（传递的值）。编写一个函数 sum，其中包含两个值，然后将两个值相加，然后返回总和。你可以独立完成吗？

以下是可行的用于此函数的代码：

```
def sum(value1,value2):
    total = value1+value2
    return total
```

在整个程序中都可以使用：

```
def sum(value1,value2):
    total = value1+value2
    return total
x = input("Enter value 1")
y = input("Enter value 2")
msgDlg(sum(x,y))
```

可以理解，对不对？

例如，可以编写一个不需要值的简单函数，具体如下：

```
def warn():
    msgDlg("Attention, an incorrect value has been entered here!")

x = input("Enter a number under 10, please")
if x<10:
    print "Thanks"
else:
    warn()
```

在此程序中，我们在开始时定义了一个新命令：函数 warn()。

此函数不需要值，并且不返回任何值。它所做的只是输出警告文本。

我们什么时候需要函数？

由于多种原因，函数在编程时非常有用。一方面，它使程序更清晰。一个函数可以包含许多命令和计算——然后在程序中只能用一个命令调用它。如果函数名称足够清楚，则程序将更易于阅读。

示例：

```
if answer == correct:
    show_smiley()
else:
    games_false_sound()
```

该程序易于理解，因为它只包含两个清晰命名的函数：show_smiley() 和 games_false_sound()，意思为：显示_笑脸符号和游戏_错误_声音

两个函数定义（在此未列出）可能是长且复杂的——可以在表面上绘制由几个元素组成的笑脸符号，计算并播放声音。但是一旦函数编写完成，我们就不再对它感兴趣了。之后，我们只会使用我们已经确定好，会准确执行的新命令。

函数的另一个大优点是可以在不同的位置反复调用。你只需要为特定任务编写一次程序代码，然后就可以将其作为函数命令一次又一次地使用。当然，这也使程序更短，更简洁。

将函数保存在自己的模块中

每个自定义函数（甚至所定义函数的完整列表）都可以作为模块保存在文件中。然后，你只需要使用 import 命令将此文件加载到程序中，就可以立即使用其中的所有功能。我们已经导入了随附的随机模块、数学模块和 G- 海龟模块并进行过多次编程了。你也可以使用自己发明的模块。

自己的函数 "numeral"

现在你知道了如何自己编写函数。这些示例当然非常简单，仅用于帮助理解。真正有用的函数会更长且更复杂——否则你就不需要它们了。

现在有一个小挑战：我们想编写一个将数字转换为英语数字单词的函数。所以 1 变成 "one"，2 变成 "two"，依此类推，直到 100。

我们开始吧——让我们定义一个函数：

```python
def numeral(number):
```

该函数称为 numeral 函数，它在变量 number 中接收一个数字作为参数，该数字必须在 1 到 100 之间。

这……你现在要如何处理？如何将 1 到 100 之间的数字转换为英语单词？

经过一番思考，你肯定会自己弄清楚的：我们又需要列表了。当然，最简单的是一个包含从 1 到 100 所有英语数字单词的列表。但这将是一项非常艰巨的打字工作，而且列表很长。

程序员是懒惰的，我的意思是高效。为了简化它，我们必须简化整个过程。

我们需要 1 到 19 之间的数字作为列表，我们经常会使用它们，因为它们不容易组合在一起。

从 20 开始，我们只需要十位数和个位数，就可以将数字组合在一起（"30+5"，英语为 "thirty+five"）。

在此，我向你展示一种我们可以用来工作的列表，这只是一种可能。

```python
ones = ["zero","one","two","three","four","five","six","seven",
        "eight","nine","ten","eleven","twelve","thirteen",
        "fourteen","fifteen","sixteen","seventeen","eighteen",
        "nineteen"]
tens = ["zero","ten","twenty","thirty","forty","fifty","sixty",
        "seventy","eighty","ninety","hundred"]
```

返回程序：

如果数字小于 20，则仅从"ones"列表中提取相应的单词。

```
if number < 20:
    word = ones[number]
    if number == 1:
        word = "one"

return word
```

明白了吗？

但这还不够。如果数字大于 19 怎么办？那就需要将其分解为个位和十位。数字的单词由此组成。

你如何将数字分为十位数和个位数？

非常简单：我们将数字使用整除除以 10，能够得到整数结果的就是十位数，然后再次使用取余运算来确定余数，确定的余数就是个位。一开始时，在我们有余数的计算器中就有类似的工具。

```
t = number // 10
o = number % 10
```

现在，变量 t 包含十位数，而变量 o 包含个位数。现在我们可以将数字组合在一起：

```
word = "tens[t] + ones[o]"
```

这里还有一个例外：如果是整十怎么办？"fourtyzero"不是正确的单词。

因此，现在必须检查并单独处理这种情况：

```
if o == 0:
    word = tens[t]
```

非常简单：如果个位为 0，则数字单词仅由十位数的单词组成。

最后，我们的函数返回组合的变量 word 并完成。这是整个函数的样子：

```
def numeral(number):
    ones = ["zero","one","two","three","four","five","six",
            "seven","eight","nine","ten","eleven","twelve",
            "thirteen","fourteen","fifteen","sixteen","seven
            teen","eighteen","nineteen"]
    tens = ["zero","ten","twenty","thirty","forty","fifty","six
            ty", "seventy","eighty","ninety","hundred"]
    if number < 20:
        word = ones[number]
        if number == 1:
            word = "one"
    else:
        t = number // 10
        o = number % 10
        word = tens[t] + ones[o]
        if o == 0:
            word = tens[t]
    return word
```

现在，你可以使用函数了。在该函数下，再写入一段非常简短的程序，输入数字 x，然后就能输出数字 x 的英语单词。例如：

```
x = input("Number:")
msgDlg(str(x)+" is in words: "+numeral(x))
```

现在该进行测试了：输入 0 到 100 之间的数字（如图 13.1 所示）。

太棒了！只要你输入 0 到 100 之间的数字，它就会起作用。当然，我们还可以扩展此函数。例如，将数字扩大到 1,000 或 100 万。然后，你将需要做更多的工作，因为从 100 开始，数字再次以不同的方式组合在一起。

你还可以为函数进行简单解释：如果数字大于 100，则函数返回"数字过大"。

你还可以检查数字是否小于 0，然后先将其简单地转换为正数（乘以 –1），并在数字单词的前面放置一个英文单词"minus"。如有需要，你可以在这里无拘无束地进行实验。

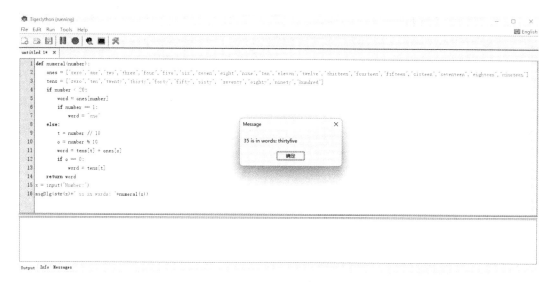

图 13.1　用程序把数字转化为单词

创建自己的模块

函数完成后，你可能想在其他程序中使用它，那么可以创建自己的模块。然后，你可以稍后将其导入任何程序并使用其中的函数。通过这种方式，你可以逐步建立起自己的"标准构件"，可以将其反复用于每个新程序。我们将在此处尝试使用我们的 numeral 函数。

因此，代码现在看起来像这样：

```python
def numeral(number):
    ones = ["zero","one","two","three","four","five","six",
            "seven","eight","nine","ten","eleven","twelve",
            "thirteen","fourteen","fifteen","sixteen","seven
            teen","eighteen","nineteen"]
    tens = ["zero","ten","twenty","thirty","forty","fifty","six
            ty", "seventy","eighty","ninety","hundred"]
    if number < 20:
```

```
        word = ones[number]
    if number == 1:
        word = "one"
    else:
        t = number // 10
        o = number % 10
        word = tens[t] + ones[o]
        if o == 0:
            word = tens[t]
    return word
```

现在，你可以将这些代码另存为名为 nword.py 的文件。nword 是模块的名称。结尾的 .py 表示它是一个 Python 程序。确保将文件与所有其他 Python 程序，尤其是此模块尝试导入的程序，保存在同一目录中。

要立即在新程序中使用你自己的模块，请完全按照使用随机模块、数学模块或 G- 海龟模块时的步骤操作。例如：

```
import nword
x = input("Enter a number")
msgDlg(nword.numeral(x))
```

或者：

```
from nword import *
x = input("Enter a number")
msgDlg(numeral(x))
```

在第一个解决方案中，你的模块可以作为 Python 的库使用，并且要使用 numerial() 函数，你必须始终先编写模块名称，然后输入句点，接着写入函数名称，即：

```
nword.numeral(x)
```

使用第二个解决方案时，你可以将模块 nword 中的所有函数直接导入 Python 程序中（在这种情况下，它只是一个函数）——因此你不必将模块名称放在 nword 前面。

因此，一切都与你已经学过的完全一样——区别仅仅是使用你自己的模块。

为了让 Python 真正找到模块，你必须先保存新程序，然后再执行。新程序与模块文件位于同一目录中。这样就可以毫无问题地导入模块，因为 Python 知道在哪里查找。

如果在加载过程中，模块输出一条报错信息，具体如下："Non ASCII character in file nword.py but no encoding declared（文件 nword.py 中存在非 ASCII 字符，但没有编码声明）"，然后在 nword.py 文件的第一行中添加以下行，这会告诉 TigerJython 在此处应使用哪种编码：

```
# -*- coding: utf-8 -*-
```

使用函数绘图

在完成函数学习前，让我们尝试一下在使用 G- 海龟绘图时使用自己的函数。

你还记得如何绘制正方形吗？只需画出四条相同长度的线，在画完每条线之后，让海龟向右旋转 90 度。让我们用它做一个函数：

```
def square(length):
    repeat 4:
        forward(length)
        right(90)
```

因此，使用此功能，你现在可以随时绘制任意边长的正方形。

```
from gturtle import *
makeTurtle()
square(100)
```

这个程序将绘制出一个正方形，其边长为 100 像素，从海龟当前所在的位置开始。三角形也可以定义为函数。

```
def triangle(length):
    repeat 3:
        forward(length)
        right(120)
```

这与以前完全一样，只是用于三角形。

如果现在使用一个通用函数怎么样？也就是制作一个可以绘制三角形、四边形、五边形、六边形等的多边形函数，怎么样？我们在第十二章中已经做过一次，只是现在我们要将其定义为一个函数。

这次我们需要为函数提供两个参数——边数（角数）和边的长度。

```
def polygon(edges,length):
    angle = 360/edges
    repeat edges:
        forward(length)
        right(angle)
```

通过将一周的度数（360 度）除以所需的角的数量，就可以得出角度。

现在，你可以编写一个绘制 100 个随机对象的程序。每个对象都有 3 条至 7 条边，边长为 10 像素至 100 像素。位置和颜色也可以随机设置（使用 G- 海龟模块功能）。而且 polygon() 函数始终用于绘制。先尝试自己编写这个程序。可以先写一个非常简单的版本，然后你可以对其进行进一步扩展。

```
from gturtle import *
from random import randint

def polygon (edges,length):
    angle = 360/edges
    repeat edges:
        forward (length)
        right (angle)

makeTurtle ( )
```

```
hideTurtle ( )
penWidth ( 3 )

repeat 100:
    setPenColor ( getRandomX11Color ( ) ) # 设置随机颜色
    setRandomHeading ( ) # 设置随机启动方向
    setRandomPos ( 800, 600 ) # 设置随机启动位置
    length = randint ( 10,100 ) # 设置随机边长
    edges = randint ( 3,7 ) # 多边形角数（角数，长度）
    polygon ( edges,length )
```

这些变量只是其中一种可能性。在这里，我们还需要使用命令 setRandomHeading ()=
设置随机方向，以及 penWidth (3)= 画笔粗细。这样看起来会更好看一些。但是你
可以根据需要按照自己的想法去做。最后，无论什么时候都可以得到一张充满不同图
形的图片（如图 13.2 所示）。

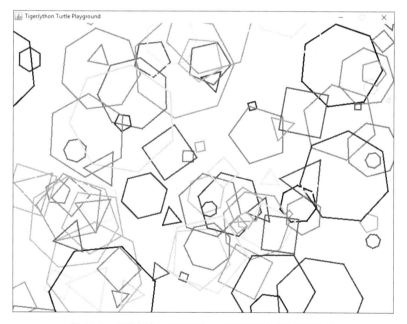

图 13.2 现代艺术：不同颜色、位置和角度的随机多边形

递归函数

在完成函数后，在 Python 中还有一个专业程序员必须定期处理的特性：这就是递归函数。这是什么？

递归函数是调用自身的函数。

如何做？自己调用自己？那应该如何处理？

这很容易，但要记住一些注意事项，弄清楚到底发生了什么并不总是那么容易的。

这是一个自我调用的简单函数：

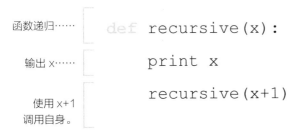

```
函数递归……    def recursive(x):

输出 x……        print x

使用 x+1         recursive(x+1)
调用自身。
```

使用传递值 x 调用递归函数。假设 x 在被调用时为 1。现在输出 x（1），然后再次调用函数本身（recursive(x + 1)），但这一次是数值 2。recursive 函数调用自身，因此不会结束，但是下一个调用输出 2，然后再次调用自身，这次使用值 3，以此类推……

因此，该函数是一个计数器，该计数器始终在计数时加上 1，然后继续调用自身……你可能已经知道问题出在哪里了。该函数永无止境，调用自身直至无穷大……

直到无穷大？函数多长时间被调用一次，才不会引起程序引擎的麻烦？毕竟，它总是必须"记住"它的位置。哪个函数刚刚调用了哪个……而这又不能永远持续进行下去。

试试看，从上方输入函数，然后在函数末尾添加另一个调用：

```
def recursive(x):
    print x
    recursive(x+1)

recursive(1)
```

发生了什么？计数器最多计数 1,000——程序将无法再终止：

```
RuntimeError: maximum recursion depth exceeded
```

即运行时错误。已超过最大递归深度。在某个时候，Python 解释器就会"不再有兴趣"在此过程中一直记住自己处于哪个层级，这就会不定时地产生严重的内存问题。如果没有中断，那就会使计算机"崩溃"。

我们如何解决这个问题？

我们通过构建何时继续调用，以及何时取消的条件。让我们假设计数器应当计数直到 100——因此该函数应当只调用自身直到 100。

```
def recursive(x):
    print x
    if x<100:
        recursive(x+1)

recursive(1)
```

已经好些了：现在，程序可以快速运行，计数从 1 到 100。

当然，通过这个程序，我只是想展示什么是递归。实际上，这种计数器的编程方式可能有所不同。但是在这样的任务中，递归非常有意义。实际上，某些问题只能通过递归来解决，或使用递归至少容易得多。

任务

一个新任务：编写一个递归函数来计算数字的阶乘。

什么是阶乘？

阶乘表示将一个数字和所有大于 0 且小于自己本身的正整数相乘。5 的阶乘为 $5×4×3×2×1 = 120$。

当然，在 Python 中你可以使用计数循环解决此问题——但使用递归完成的版本简洁精巧。

```
def factorial(x):
    if x == 1:
        return 1
    else:
        return (x * factorial(x-1))
```

你理解它是如何运行的吗？思考时，你必须转变一下思考方式。让我们假设函数的值是 3。由于 3 不等于 1，因此将跳过 if 命令。现在该函数使用 return 返回结果，但是因为要确定返回值，所以尚未结束。该函数必须首先调用自身，这次使用 2 作为数值。同样的事情再次发生，该函数在 return 时再次调用自身，然后再开始调用 1 作为数值。在这里，它仅返回 1，不再调用自身。这样就结束了第二个调用（1×2）和第三个调用（2×3）——该函数最终可以结束，返回结果 6。

要尝试使用不同值的函数，可以添加以下两行代码：

```
f = input("Enter a number:")
print "The factorial of",f,"is",factorial(f)
```

小心：结果数值会在很短时间内变得很大。

用于数学专业人员：进行阶乘计算时你需要什么？

阶乘在计算概率时起着重要作用。例如，你可以使用它来计算许多事物的排列可能性。如果我有 5 个人，则他们有 120 种坐在长椅上的排列顺序（5 的阶乘）。10 个人已经拥有超过三百五十万种坐在板凳上的顺序了。难以置信，但事实证明确实如此！

第十四章

声音编程

> 在开始进行对象编程，以及第一次编写真正的游戏前，我们要
> 学习如何处理声音——因为声音可以使程序完整有趣！

不只是游戏——任何程序都可以播放声音和声效，或者音乐——甚至还可以播放语音。一个不仅可以用眼看，还能用耳朵听的程序可以给人留下深刻的印象。

在 Python 中播放声音

你需要的只是一个音频文件，其中包含你想要的声音——当然，你也可以自己录制！然后，你就可以将它们合并到你自己的程序中。借助 TigerJython 中包含的声音系统（Soundsystem）模块，你的程序就可以播放任何声音、音乐和语音。

最好的方法是多了解计算机上的音频文件。如果你已经知道下面的内容，可以跳过这一部分。

音频文件实际上是什么？

音频文件是"数字化声音"，其将振幅值合成在一起。为了产生声音，扬声器必须以一定的速度（频率）来回振动（振动的强度称为振幅）。如果你在敏感的膜片前唱歌，它会开始振动，具体取决于你演唱的音符，声音越大、力度越大，振动速度越快。当膜片将其振动转换为可以测量和记录的电压时，就有了麦克风。如果扬声器可以像麦克风录音那样振动，那么就可以把录制好的声音播放出来。过去也是类似的：

在黑胶唱片上有一根针，在振动过程中，针头会忽高忽低地在乙烯基材料上刮划；磁带运行时，通过不同强度的磁化来记录声音。

原则上，所有事物都是数码形式的，但是麦克风或录音设备的振动会在录音时极快速转化为数字，每秒会测量和记录 44,100 次（这对应于音乐 CD 的标准，44.1 kHz）。也就是说：1 秒长的声音是由 44,100 个数字组成，它们会被连续、精准地记录，膜片需要在哪个方向振动多远。当计算机以相同的速度将这 44,100 个数字发送回扬声器，并且扬声器将这些数字转换为膜振幅时，我们将再次听到精确记录的 1 秒时长的声音。

这种文件格式被称为 WAV 文件——意思是波（Wave），文件中的每个数字都符合一种膜片状态。你可以在 Windows 中以 .wav 扩展名来识别 WAV 格式的音频文件。它们曾经是用于存储或播放声音的标准文件。保存或播放声音。

但是，由于 WAV 文件占用了大量的音乐存储空间（如我所说，每秒 44,100 个数字，立体声会翻倍，因为两个扬声器播放不同版本的声音），人们为了通过网络传输发明了一种格式，它们（几乎）可以播放相同的声音，但是数据少了许多。音频数据被压缩——数据中的重复模式被储存在一起，并且通过复杂的过程来简化内部的声音数据，以至于人耳几乎察觉不到差异。这种格式被称为 mp3。今天，这早已成为音频文件的标准。播放这些文件的计算机或设备必须先在内部进行解压缩，也就是说，一个 mp3 文件可以在内部被转换为 WAV 文件，然后将其发送到扬声器（通过声卡）。

无论你有 WAV 文件还是 mp3 文件，你都可以在 TigerJython 的程序中轻松导入和播放这两种文件。

播放 WAV 文件

为了能够在程序中使用音频文件，你必须先导入声音系统模块。最简单的方法是使用以下命令：

```
from soundsystem import*
```

现在，播放非常简单。首先，启动音频播放器，并为其提供准备播放的文件。然后，播放。

```
openSoundPlayer("klangdatei.wav")
play()
```

就是这个——你可以播放名为 klangdatei.wav 的文件了。

你手边没有 wav 文件？幸运的是，TigerJython 已经内置了一些简短的音频文件。你可以轻松地使用它们进行测试：

```
from soundsystem import *
openSoundPlayer("wav/bird.wav")
play()
```

启动程序并聆听：能听到一声短促的鸟叫声（在较短的初始化时间后）。成功了。

再尝试一些 TigerJython 中包含的其他内置声音。你只需要更改音频文件的名称。

```
wav/boing.wav  wav/cat.wav  wav/click.wav  wav/explode.wav  wav/
frog.wav wav/mmm.wav wav/notify.wav wav/ping.wav
```

你也许可以将其中一些用于自己的程序。

如果要使用自己的 WAV 音频文件，最好的做法是创建一个名为 wav 的文件夹，并将其保存在你的程序所在的位置，并且将音频文件复制到其中。现在，你可以使用 "wav/YourFilename.wav" 通过上述声音系统播放它。

播放 mp3 文件

我假设你有音乐文件，可能是 mp3 格式的。播放 mp3 文件的方式与播放 wav 文件的方式相同。该程序只需要知道它正在接收 mp3 格式的文件，并且必须先对其进行解码。因此，mp3 文件将以下面的方式打开：

```
from soundsystem import *

openSoundPlayerMP3("mp3/mySong.mp3")
play()
```

你所需要的只是一个 mp3 文件。例如你喜欢的歌曲，你可以从互联网上合法下载这些文件。在 Python 文件夹中创建一个名为 mp3 的目录，然后将文件复制到该目录中。现在，你可以使用 Python 播放了。但是，你必须先将程序保存在 Python 文件夹中，以便 Python 可以找到 mp3 文件夹。

其他用于音频播放器的命令

除了用于加载文件的 openSoundPlayer() 和 openSoundPlayerMP3() 函数以及用于播放加载的文件的 play() 命令，声音系统中还有许多其他命令，你可以在以后的程序中使用它们。以下是最重要的三个：

- pause()——使播放处于暂停状态，随后的播放可能会在暂停处 () 继续播放。
- stop()——结束播放并将文件重新设置为开头。
- setVolume(v)——这会调整播放器的音量：0 为静音，1,000 为最大音量。

制作自己的音乐

你可以在 TigerJython 中制作自己的音乐。你甚至不需要声音系统模块，因为已经有一个内置的 playTone() 命令可以播放音符。你识谱吗？

在这里尝试一下：

```
playTone("cdefgfedc",200,instrument="harp")
```

启动程序时，你会听到从 C 到 G 的音阶，然后再降低音阶播放。

第一个值表示要演奏的音符（小写字母——中八度，大写字母——低八度，带单引号——高八度），第二个值（200）表示每个音符的持续时间（以毫秒为单位），第三个值（也可以省略）为选择的乐器。在大多数系统中，"竖琴"（harp）的声音听上去都很令人舒适。

声音是通过包含在计算机操作系统中的 MIDI 标准播放的。因此，乐器的音质大多较低，但仍然可以识别出来。你可以使用标准 MIDI 名称，例如 piano, guitar, harp, trumpet, xylophone, organ, violin, panflute, bird 等作为乐器名称。

你甚至可以在列表中组合不同长度的音，然后将其整体播放：

```
playTone([("cdeccdecef",300),("g",600),("ef",300),("g",600)],
instrument="harp")
```

这里播放了《两只老虎》的开头部分。playTone() 所需的列表是一个元组列表（我们之前没有使用过这种格式），但它非常简单：

```
playTone([("音名曲调",时长),("音名曲调",时长),(其他音名,其他时
长)],instrument="harp")
```

因此，在函数括号中，方括号可以将音名曲调和时长包围起来。然后，每一段曲调都以圆括号开始，然后使用逗号分隔，接着是每个音符的时长数字，接着是右侧的圆括号，再输入一个逗号，将下一段音名曲调及时长放在圆括号中。最后，方括号结束，逗号，乐器 instrument = " 乐器名称 "，函数括号的右括号。

乐器只需要在末尾声明一次，就可以适用于方括号中的所有音符。

完整的歌曲具体如下：

```
playTone([("cdeccdecef",300),("g",600),("ef",300),("g",600),
("gagf",150),("ec",300),("gagf",150),("ec",300),("cG",300),
("c",600),("cG",300),("c",600)],instrument="harp")
```

当然，要求苛刻的音乐家不会认可这种音乐。这太不精确了，音质太低了。但是你可以在游戏或问答游戏或其他程序中使用简单的音调序列。

例如：

```
print "you won!"
playTone("cegc'",100,instrument="harp")
```

任务

在你已经编写的程序中构建一些小的音符曲调！

语音合成：让计算机说话！

现在可太酷了。使用 TigerJython 中已经内置的声音系统和其他内置的组件，你可以让计算机说话！可以说出你想要的任何文字！

在这里尝试一下：

```
from soundsystem import *
initTTS() # 启动文本转语音
selectVoice("english-man") # 选择声音
voice = generateVoice("Hello, I can speak!")
openSoundPlayer(voice)
play()
```

经过短暂的初始化时间后，计算机清楚地说出："Hello, I can speak!"

为此，你需要正常导入声音系统，然后必须启动 TTS（"文本转语音"）系统，可以使用 initTTS() 命令完成这一流程。然后必须选择声音，这可以使用 selectVoice("声音") 完成。你可以选择 "german-man"、"german-woman"、"english-man" 和 "english-woman"。现在，你必须创建文本的声音。这可以通过 generateVoice() 函数实现。与 wav 文件一样，你可以在声音播放器中打开并启动，它只是播放自己生成的语音而不是文件。

前三个命令只需要在程序开始时执行一次即可。然后，你可以使用这三个命令重复播放任何内容的声音：

```
voice = generateVoice("Text or Variable")
openSoundPlayer (voice)
play()
```

我们来做会说话的加法计算器：

```
from soundsystem import *
initTTS()
selectVoice("english-man")
```

```
x = input("Enter a number:")
y = input("Now the second:")
calculation = str(x)+" plus "+str(y)+" = "+str(x+y)

voice = generateVoice(calculation)
openSoundPlayer(voice)
play()
```

你连续输入两个数字，计算机将说出算式和结果。

在其他程序中，语言也可以明显提升感觉。例如，数字猜谜游戏：如果计算机能够告诉你数字太小、太大或猜对了，这怎么样？有趣多了。这就是带有语音输出的猜数字游戏的程序：

```
import random
from soundsystem import *
initTTS()
selectVoice("english-man")

randomNumber = random.randint(1,100)
inPut = 0
while inPut != randomNumber:
    inPut = input("Guess the number:")
    if inPut > randomNumber:
        voice = generateVoice(str(inPut)+" is too high.")
    if inPut < randomNumber:
        voice = generateVoice(str(inPut)+" is too low.")
    openSoundPlayer(voice)
    play()

voice = generateVoice("Congratulation, "+str(inPut)+" is the
        correct number!")
openSoundPlayer(voice)
play()
```

## 第十五章

为对象编程

> 实际上，我们现在正在步步靠近编程的圣杯：面向对象编程。一旦掌握了这一点，任何人都可以自豪地称自己为专业人员。而且一点也不难——相反：当人们开始操作，它可以做出不止一星半点的简化。在本章中，你将做很多与多士炉有关的事情，并且了解到为什么它是一个很棒的对象。

到目前为止，我们已经学习和使用了所谓的"经典编程"：连续使用命令、查询、循环和函数。这也称为"线性"或"过程"编程。有了这些技术，原则上已经可以完成任何任务，而早先的编程语言已经满足于此。如果需要的话，你只能使用 Python 进行"程序化"编程，并获得更深入的了解。

但是，今天，计算机程序比 30 年前复杂得多，功能更广泛，因为它们还需要执行更艰巨的任务。数百万行的程序代码以及上千函数和程序的每个部分，它们彼此之间以及与用户之间交互作用，但是它们全部由中央程序控制，因此程序员在某个时候很容易失去对事物的跟踪。

因此，在某个时候就发明了一种可以从根本上以不同方式构造程序元素的方法，由此使得程序的每个部分都表现得像一个独立自主的单元。程序的这些独立元素被称为对象。由此产生的现代编程方式是"面向对象编程"（简称 OOP）。

面向对象编程是对普通编程的一种富有吸引力且非常强大的补充，一旦你了解了它，就会很清楚它具有许多优点，并提供了许多新的可能性。在只需要快速计算或输出的小程序中，你肯定不需要定义对象，但是一旦程序变大，并且有了和使用者交流的界面，或者当你希望为游戏编程时，在对象中考虑和工作就会有很大的优势。

什么是对象?

在日常生活中,我们需要处理我们可能使用的所有物品。这太平常了。基本上,你处理的所有具有特定属性的事物都可以视为对象。让我们在早餐中开始:你在多士炉中放入面包片,然后在其前面等待烤面包,这就是一个实用的对象。这也是一个与你互动的事物。它具有你可以使用的属性和功能。

不仅电气设备是对象,你用到的一切都是对象:你用来盛装饮料的玻璃杯,或者盘子、桌子、锅、灶台等。

但是多士炉是个很好的例子,因为它以一种典型的方式向我们展示了,在真实生活中,一个对象的哪些方面对我们而言十分重要:可用的对象具有多种属性——既是固定的(颜色、形状、尺寸、功耗、烤面包槽数),又是用户可以自行更改属性的(时间调节器、启动杆)。在使用者(在这个例子中就是你)设定了烘烤时间等设置之后,他就可以使用这个对象,因为它还具有非常特殊的内置功能。即,在这个示例中,烘烤面包会在按下按钮或压杆后启动烘烤。

你不必确切了解多士炉的内部工作原理,因为你不想制作一个多士炉,而只想要使用它。你放入一片面包,设置持续时间,开始,然后多士炉完成你所期望的步骤。

Python 中的对象

在面向对象的程序设计中,人们试图在程序对象中重现或模拟对象在现实世界中的特性和行为。

在 Python 中,你可以使用其他人已经编程或已经包含的对象,就像在现实生活中使用多士炉一样。你甚至不必知道它们在内部如何工作,只需知道它们的运行方式即可。设置属性,输入数据并启动对象的功能。最后,你将获得相应的结果。为了使用多士炉,你不必控制其内置的电子装置——多士炉本身就是这样做的。

假设在 Python 中有一个对象"多士炉"(Toaster),有人(在这个示例中是我)为我们编出了一个模型,并且我们在对象名 my_toaster 下使用它。

程序对象 my_toaster 有属性(Properties)。它们是对象的变量。因为它们是对象的组成部分，所以它们在对象名称后加上西文句号。例如：

```
my_toaster.color
```

这就是我们的多士炉的颜色。让我们假设颜色无法随时更改，就和真正的多士炉一样。你必须接受购买时的颜色。颜色仅在制作多士炉时确定，稍后你只能查询它，而不能进行设置。这也适用于多士炉的插槽数。有的有一个，有的有两个，甚至有的有四个插槽。My_toaster.slots 包含可以查询但不能更改的面包片烘烤插槽的数量。

My_toaster.toast_time 指示设置的烤面包时间。你可以随时从外部设置，就像在有刻度盘的真实多士炉上设置一样。my_toaster.toast_time = 20 将我的多士炉烘烤时间设置为 20 秒。如果要查询烤面包时间的设置，可以使用 print my_toaster.toast_time 进行询问。

除此之外，我们的多士炉对象还可以包含更多变量。例如 my_toaster.number_slices 就是多士炉中面包切片的数量。而 my_toaster.bread_status 就是内部面包的状态（0 = not toast（未烘烤），1 = lightly toasted（弱烘烤），2 = heavily toasted（强烘烤），3 = burnt（烧焦））。

这些变量只能查询。它们仅在内部进行更改，稍后可以对此进行更多更改。因此，Python 中的对象包含它们自己的变量，这些变量专门属于此对象（称为属性）。我们可以直接设定其他数值从外部改变一些值，而另一些数值只能调用，只有对象自己可以更改。通过先写入对象名称，加一个西文句点，然后写入对象变量，就可以一直使用对象变量。

除属性外，对象通常还具有特殊的功能，可以执行某些操作。在 Python 中，这意味着：对象不仅包含对象名称和关联变量，还可以具有专门属于此对象的函数。对象的函数也被称为"对象的方法"。

对象的函数决定了该对象可以做什么。例如，可以使用一个 toastPutIn(x) 函数。x 说明要插入多少片面包。

如果想要将两片面包插入多士炉中，请按如下所示调用该函数：

```
my_toaster.toastPutIn(2)
```

函数将报告：好的！或者，它将报告"空间不足"，因为多士炉已满或没有足够的插槽容纳面包片的数量。假设一切都很好。方法 toastPutIn(2) 会导致接下来属性 my_toaster.number_slices 等于 2，并且该属性 My_toaster.bread_status 等于 0（未烘烤）。

现在当然还有方法（= 对象函数）toast()。你可以预先设置烘烤时间，例如 30 秒 my_toaster.toast_time=30。

然后烘烤：my_toaster.toast()。

如果根本没有面包片，该函数将报告："不工作，没有面包片在其中。"否则一切正常，多士炉工作 30 秒钟，然后报告："完成。"现在你可以再次查询状态：多士炉中有 2 片面包，且已经过强烘烤。

唯一缺少的是方法 slicePopUp()。当你开始时，多士炉会说："弹出 2 片面包，多士炉为空。"如果你现在查询 my_toaster.number_slices，你将得到一个零。

如果到目前为止你已经了解了所有内容，那么你现在就已经知道编程中的对象了。

总结：什么是对象？

对象就像是在程序中模拟一个独立的对象：它是一个对象名称、可调用或更改的对象变量（属性）以及可以让对象执行适当动作的对象函数（方法）的统一体。在某种程度上，对象可以像与之通信的小型独立设备一样独立运行。你可以以编程方式执行内置操作，也可以查询其属性的状态。

基本上，要使用其他人创建的对象，你不需要知道如何自己创建它们。就像刚才提到的：如果你只使用多士炉烤面包片，就不必知道如何制作多士炉。

尽管如此，编程的高级技巧包括定义自己的对象，然后使用它们。我们不久之后就会学到。首先，你将学习如何使用已经存在的对象。

你需要知道如何使用现有的对象。为此，你必须先创建一个对象，然后才能使用它。

类和实例

类？这是什么意思？你肯定听到过种类等，但这与对象的类无关。

对象的定义被称为类，英文为"class"。你也可以说类定义是在说明对象类型，也就是对象类。其中包含对象的所有内容：它的名称、属性（对象变量）和方法（对象函数）。

只有对对象类有确切的描述，你才能从中创建一个具体的对象，然后使用它。现在，对象本身是对象类的实例，创建、生成对象也被称为对象实例化。

蛋糕和配方

听起来复杂吗？简单地说，如果要烤蛋糕，就需要配方。可以这么说，配方是蛋糕的定义，蛋糕类，它准确地告诉你所需的成分以及如何使用它们来烘烤蛋糕。

但是配方不是蛋糕。你不能吃配方。当你根据配方烘烤一个或两个、三个蛋糕，你就创建了一个自己的对象。没有配方就不能烤蛋糕，配方就是基础。但是要获得蛋糕，你必须首先使用配方制作蛋糕。

这里的配方是对象定义（类），对象（实例）是你自己制作的蛋糕。你可以根据需要烘焙任意数量的蛋糕，以后可以用不同的方式装饰、切分和更改它们。

每个蛋糕都是一个独立的对象，之后你可以用它做很多不同的事情。但是它们都来自同一类别（用相同的配方烘烤），即"蛋糕"的类。明白了吗？

这与我们的多士炉对象非常相似。你只有在明确定义了多士炉的组成、属性和方法的情况下，才能创建多士炉对象，你的程序需要多士炉类，例如，创建对象 my_toaster，这个类定义可以称为"多士炉的制作说明"。

总结：什么是类？

类是对象定义。它告诉你对象的名称、对象具有哪些属性（对象变量）以及有哪些功能（对象函数或方法）。对象本身（类的"实例"）总是从类中创建的。当我们从类中创建对象时，我们的对象具有该类中定义的所有属性和功能。

我们将很快学习如何在 Python 中定义这样的类。但是，现在让我们首先使用完成的类并将其转换为对象。

我已经描述了多士炉类。可以完全按照本文前面的描述使用属性。但是，类定义必须可用。为此，我创建了模块 toaster_class.py（已经内置在 TigerJython 中），你现在可以使用它。

使用

```
from toaster_class import *
```

开始，然后，你可以使用绿色箭头一次性启动该程序。当然没有发生任何事情——但是 Python 现在已经为多士炉导入了对象定义（就是类），并且可以使用它。

为了创建自己的多士炉对象，你必须知道，用来创建对象的类的名称。在这种情况下，它简称为 Toaster，首字母 T 大写。

拼写：类名称、方法和属性

在 Python 中，类名称应始终以大写字母开头。另一方面，属性（对象变量）总是很短，只有几个单词，并尽量使用下划线（snake_case），和普通变量一样。当然，camelCase 格式也是可能的。我们在这里，在 TigerJython 中始终写入 camelCase 格式，它很简短，有多个单词时其后的单词以大写字母开始。这些书写方式不是强制性的，但它们符合通常的 Python 和 TigerJython 约定——它使其他人更容易快速理解代码。

```
my_toaster = Toaster(slotNumber, color)
```

因此，这就是 Python 中创建多士炉对象的方式。常规的表达：

对象名称 = 类名称（可能的起始值）

作为起始值，此多士炉一方面需要面包片槽的数量（可容纳多少片面包）以及颜色。通常也可以创建其他对象而没有起始值，如果是这样，括号中保持内容为空就行。

那好吧，打开控制台，并将以下命令写入其中：

```
my_toaster = Toaster(2,"red")
```

完成。现在，你已经创建了多士炉类的对象。你的对象就叫作 my_toaster。其起始属性为：2 个插槽，颜色为"红"。

现在，你可以使用它来做一些事情。例如，将计时器设置为 20 秒。只需在控制台中输入以下所有命令即可进行测试：

```
my_toaster.toast_time = 20
```

你是否知道多士炉的当前状态？为此，我们的对象还具有自己的内置函数（方法）。如果仅使用 print 命令输出对象，此操作就会自动执行。

```
print my_toaster
```

这将导致以下输出：

```
Color of Toasters: red
Slice-slot: 2
Timer: 20 seconds
Slices in Toaster: 0
Status of Toasts: not toasted
```

现在，你可以使用你的多士炉，首先放入 2 块面包片：

```
my_toaster.toastPutIn(2)
```

如果此后再次尝试相同的命令，则会得到以下输出：

```
There is no enough space for it!
```

当然啦，因为烤箱中已经有 2 片面包了，它已经满了。对象在思考！现在烘烤：

```
print my_toaster.toast()
```

使用 print 命令，因为我们希望同时显示来自 Toast 函数的反馈：

20 seconds have passed, toast done, the bread is heavily toasted.

现在再次输出多士炉的状态（如图 15.1 所示）：

```
print my_toaster
```

现在的输出为：

```
Color of Toasters: red
Slice-slot: 2
Timer: 20 seconds
Slices in Toaster: 2
Status of slices: heavily toasted
```

多士炉的特性：

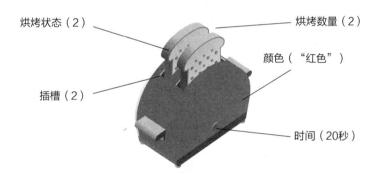

图 15.1　烘烤的多士炉对象的状态

好——烤好了。现在，面包片可以弹出来了：

```
print my_toaster.toastPopUp()
```

这得出：

```
2 slices popped up.Status: heavily toasted
```

太棒了！现在，你已经创建了自己的多士炉并合理地使用了它！当然，不必只有一个多士炉。现在，你可以随时创建更多的多士炉对象，每个对象都独立存在。

使用

```
bigger_toaster = Toaster(4,"black")
```

你可以轻松创建第二个多士炉对象。这完全独立于第一个对象，你仍然可以像以前一样访问。因为它应该是一个大型多士炉，所以在创建它时只需将其插槽数设置为4。它的颜色应该为黑色。

现在，你可以将 2 片面包放入多士炉，然后再多放入 2 片面包，你不会收到提示信息，因为它有了更多的空间。

```
print bigger_toaster

Color of Toasters: black
Slice-slot: 4
Timer: 10 seconds
Slices in Toaster: 0
Status of Toasts: not toasted
```

总结：使用对象工作

你现在已经了解了如何在 Python 中使用对象。要使用已经存在的对象，必须首先导入对象定义（对象类）。然后，你需要有关该对象的所有重要信息，以便能够正确使用它：

1. 对象类的名称，用于创建新对象。

2. 对象属性（变量）的名称和类型，用于正确设置对象的属性。

3. 带有名称和参数说明的对象函数（方法），用于激活对象。

因此，你在 Python 中使用的所有对象类都是已经内置好的，或者来自你可以下载的模块，始终有一份清晰写明类名称以及新创建内容的文件，还会有所有属性的列表及其含义，接着是需要的有名称和参数的所有方法，以及方法所产生结果的说明。如果你了解了所有这些，就可以使用 Python 轻松地创建、调整和控制对象。具有集成方法的对象可以自己完成所有其他操作！

用于一切的对象

和所有专业软件类似，使用这些软件我们今天可以在电脑上（或智能手机或平板上）工作，也就是使用对象编程。玩游戏时，可以假定每个角色都是一个对象。你控制的游戏角色是一个对象，可以响应你键盘或鼠标的输入，然后使用其方法进行移动，并且计算机控制的游戏角色也可以根据预定规则连续移动的方法移动自己。游戏角色拥有一旦游戏角色对象与其他角色碰撞，或者达到预定的目标就能自动启动的函数。

但是，不仅游戏是由对象组成的。几乎每个日常应用程序（无论是办公程序、电子邮件客户端、网络浏览器、图像编辑器还是管理程序）都使用 Windows、macOS、Linux、iOS 或 Android 操作系统提供的大量完成类对象。每个窗口都是一个对象，每个按钮，每个图像，每个文本场景……所有这些都是有特定属性（位置、大小、颜色、文本等）以及使用方法（对象函数，用于调节单击按钮时发生的变化，用于开启、关闭、展示、移动对象的函数）的对象。这就是为什么操作系统中的窗口、按钮、滚动条、列表等通常具有完全相同的布局：它们都是从操作系统给定类中生成的。因为程序员不想重塑每个按钮，所以他们使用已经存在的按钮。

用对象对所有内容进行编程有什么好处？

对于不仅执行计算，还需要完成更多内容的程序而言，好处是巨大的。你甚至可以说，如果一个游戏，或任何带有图像界面与使用者进行沟通的应用程序，没有对象编程，那就根本不能使用。如果没有对象，一个庞大的主程序必须反复循环运行，它必须顾及应用程序的每个元素——而且元素的数量还可能不断变化。在大量子程序和控制代码的帮助下，必须永久监视、更新或更改数百或数千个元素。

如果使用对象，则方法完全不同。每个对象就像其自己的独立程序，仅负责自己以及彼此之间的相互作用。我们不是为程序从头到尾的整个流程编程，而是创建对象，并且每个对象都以对象函数（方法）的形式准确接收该对象所需的程序代码。每个对象都有自己的小才能，可以与其环境和整个系统进行交互。

这有点像构建许多小型机器人，并为每个机器人提供属性和行为指示。然后，你将它们全部放在游戏场景上，看它们如何共同相处。你可以单独停止每个部分，或给它们提供明确的命令，但它们也可以使用其内置程序并独立行动。你可以随时将它们从游戏中删除或添加新的内容，可以将命令发送给必须遵循的每个对象，你还可以开始或结束整个游戏。

> 在面向对象编程的过程中，你可以按照给定的计划或自己的方式创建所有游戏玩家，然后让玩家们一起玩游戏并自己担任指挥者。

当今大多数编程语言主要是为面向对象的工作而创建的。例如，Java 只允许对对象进行编程，但是 C++，C#，Objective-C，Swift 和 VisualBasic 也已专门开发了面向对象的编程。有一些用于学习的模块化系统，例如 Scratch，你可以在其中连续使用给定的图形对象（可以在其中添加属性和方法），也可以使用非常易于使用的完整系统，例如 LiveCode。你可以根据数百种内置对象类型汇编各种程序。诸如 JavaScript 和 PHP 之类的网络编程语言允许对简单任务的线性编程以及创建和使用对象。Python 也一样普遍，但从一开始主要是作为一种面向对象的语言创建的。

顺便说一句，你已经在 Python 中非常频繁地使用过内部对象。只是你不知道：在 Python 中，变量是对象，字符串是对象，列表是对象，input 命令唤醒对象，海龟也是一个对象……

第十六章
定义自己的对象

> 使用完成的对象是挺棒的。创建自己的对象是一门高水平的艺术。但是，为了能够合理地处理现有对象，你还应该了解对象如何构造和制作。

现在，我们想把多士炉分解成各个组件，并探索其内部工作原理，因为如果你了解 Python 中对象的结构，就会更易于理解和使用。在以后的程序项目中，你无法避免定义或重写自己的对象。

现在假设我们的多士炉对象还不存在。我们只有一个想法，想要创建一个这样的对象。这意味着我们必须为多士炉创建自己的类定义。

要创建新的对象类，我们总是以 Python 中的单词开头

```
class
```

现在要定义名称为 Toaster 的对象类，第一行非常简单：

```
class Toaster:
```

属于此类的所有内容均以缩进形式显示。这些是对象的方法或函数。如果要定义多士炉的属性（对象变量），则可以执行此操作，例如：

```
class Toaster:
    slots = 2
    color = "green"
    number_slices = 0
```

```
        toast_time = 10
```

创建 Toaster 类的对象后，可以随时更改这些属性。
例如：

```
my_toaster = Toaster()
my_toaster.color ="red"
my_toaster.slots = 5
```

注意其中对象名称、属性和函数（方法）的区别。

大多数情况下，一个对象的起始值要在其创建时设置。最简单的方法是使用起始
函数 __init__。

函数 "__init__"

首先，在一个新创建的对象类的规则中定义 __init__ 函数。这是大多数对象
都应具有的函数——一个在内部属于对象的特殊函数。内部函数（程序无法从外部调
用，但是会自动启动）始终由关键字前后的两条下划线标识。

"__init__" 函数有什么用？

Init 是 initialization（初始化）的缩写——创建对象的基本设置。一旦从类中创
建新的具体对象后，总是自动执行 __init__ 函数（也称为构造函数）。创建对象
时，它多多少少类似布置功能。

如果程序使用 my_toaster = Toaster() 创建了一个对象，就会基于 Toaster
类 生成一个名为 my_toaster 的对象，并且立即自动启动 Toaster 的 __init__
函数，以便该对象接收其基本设置。

__init__ 函数接收创建对象的基本设置时以括号中传递的值作为参数。然后，
你可以使用它来设置对象变量。

具体而言：创建新的多士炉时，它也应该像我们已经做过的那样接收插槽数和颜色值。

在 Python 中这样创建对象：

```
my_toaster = Toaster(2,"red")
```

`__init__` 函数获得这样两个值，并且在对象中进行相应设定。

```
def __init__(self,slots,color):
    self.color = color
    self.slots = slots
```

此外，`__init__` 函数现在可以设置所有其他属性（对象变量），以便在新创建对象时具有基本属性。

```
self.number_slices = 0
self.bread_status = 0
self.toast_time = 10
```

"self" 是什么意思？

在类定义中，`self` 始终代表具体对象的标识符。`self` 始终是函数在对象中接收的第一个变量。调用时，此参数不在括号中传递，而是自动生成，并且一直包含对象调用的函数。

如果我执行`my_toaster = Toaster(2,"red")`，则一个名为`my_toaster`的对象被创建出来。对于名为`my_toaster`的对象，`self` 代表一种占位符。不论`self` 写在哪里，都可以想到`my_toaster`。

`self.number_slices = 0` 表示名为`my_toaster`的对象，也就是与`my_toaster.number_slices = 0` 相同。

理解 `self` 很重要，因为这是唯一的方法，用于在类定义中编写会更改对象本身某些内容的函数。对象定义（也就是类）还不知道，这些对象是什么，可以用它们创建什么，并且应当适用于每个使用其创建的对象。因此，到处都是它，所有需要对象标识符的位置都有一个 self。如果创建了一个对象，并且为这个对象设定了调用函数，每个函数都会获得对象本身的第一个值（self）。它在调用时不会被传输，而是在由对象调用时自动写入，并且包含调用函数的对象。即使没有参数的函数，在定义中也有一个参数——self。

self 可以翻译为"对象本身"。

这是我们现在对多士炉的类定义：

```python
class Toaster:
    def __init__(self,slots,color):
        self.slots = slots
        self.color = color
        self.number_slices = 0
        self.bread_status = 0
        self.toast_time = 10
```

这定义了一个名为 Toaster 的类。创建 Toaster 类的对象时，要一同传递两个变量 slots 和 color——一个新的对象始终使用这两个值创建。

在创建对象时，__init__ 函数会自动执行。它接受两个传输的值，并将它们写入两个对象变量 slots 和 color 中。此外，它还定义其他对象变量（对象的属性），并为其提供初始值。Number_slices 被设置为 0（当然，开始时的 Toaster 是空的），将 bread_status 设置为 0（尚没有烤制的面包），toast_time 设置为 10。计时器的默认设置为 10 秒。

仅凭此定义，你就可以创建具有属性的对象。

使用 toasty = Toaster(4,"blue")，你可以创建一个名为 toasty 的多士炉对象，该对象有 4 个插槽，颜色为蓝色，内部有 0 片面包，计时器设置为 10 秒。

然后，你可以查询和更改所有属性。toasty.toast_time = 20 会将计时器设置为 20 秒，使用 f = toasty.color 可以查询其颜色等。

它并不需要保持一个状态——当然，你始终可以创建多个有不同名称的多士炉对象。任意你想设置的数量，每个对象都有自己的属性和状态。

定义自己的方法

多士炉唯一缺少的是它的特定功能，例如添加面包片。现在，它具有属性，但是没有可用的方法（除了自动启动的方法）。

在类中将方法定义为非常普通的函数——带有一个特殊功能，即其定义中的第一个参数始终为 self，并表示调用对象。

第一种方法是放入面包片。其名称为 toastPutIn(x)——在此过程中 x 是面包片的数量。很简单，它看起来像这样：

```
def toastPutIn(self,number):
    self.number_slices = self.number_slices + number
```

这将传递一个数量。插入的面包片数量将计入现有面包片的数量中。

然后针对对象 toasty 调用该方法，例如：

```
toasty.toastPutIn(2)
```

查询：

```
print toasty.number_slices
```

现在得出：

```
2
```

现在你可以扩展功能，例如放入 5 片面包，当然是不可能的，因为只有两个插槽。如果已经插入了一片，那么就不能再放入两片了。

```
def toastPutIn(self,number):
    if (self.number_slices + number) > self.slots:
        return "There is no enough space for it!"
    else:
        self.number_slices += number
        return (str(number)+" slices are putted in Toaster.")
```

因此，该函数得到扩展。现在，你只能放入合适数量的面包片，否则该函数将返回错误消息。

如果现在输入：

```
print toasty.toastPutIn(2)
```

你将得到输出：

```
2 slices are putted in Toaster.
```

如果你再输入一次：

```
print toasty.toastPutIn(3)
```

如果 toasty 有 4 个插槽，会显示以下通知：

```
There is no enough space for it!
```

因为不能插入另外三块面包片了。

函数 "__str__"

除了 __init__ 函数，在类定义中还有其他非常实用的内部函数。

我们假设你和之前一样在 Toaster 类下以 toasty 为名称创建了一个对象。现在，你想要输出对象的描述。你可以写入：

```
print toasty
```

会得出什么？

```
<__main__.Toaster object at 0x2>
```

这具体说明了 toasty 是 Toaster 类的一个对象，还说明了所述对象的存储值，但是并不包含其他信息。为了进行变更，可以使用 __str__ 函数。当对象应当作为文本输出时，就会一直执行。它将对象转换为可以显示的字符串（＝文本）。（你在上一章节中已经使用过此函数。）它能做什么，以及在此过程中输出哪些信息，都取决于你以及你如何定义 __str__ 函数。

例如：

```
def __str__(self):
    answer = "The object is a toaster."
    answer += "The color is "+self.color+"."
    answer += "It has "+str(self.slots)+" slots."
    answer += "Now, there are "+str(self.number_slices)+
            "slices in Toaster."
    return answer
```

这定义了当程序将对象作为文本输出时会发生的情况。

你现在输入：

```
toasty = Toaster(3,"red")
print toasty
```

然后返回以下消息：

```
The Object is a Toaster.The color is red.It has 3 slots.Now,
there are 0 slices in Toaster.
```

因为对象 toasty 使用 print 命令输入，__str__ 函数（如果有一个）将会自动输出，并且会出现所需的信息（当然，你也可以根据需要使用该函数输出面包的状态和计时器设置）。

如果你想，你现在可以定义任何其他方法。例如，方法 toast。

```
def toast(self):
    if self.number_slices > 0:
        time = self.toast_time
        if time<=15:
```

```
        self.bread_status +=1
    if time >15:
        self.bread_status +=2
    if self.bread_status >3:
        self.bread_status = 3
    status = ["not toasted", "lightly toasted", "heavily
            toasted","burnt"]
    return (str(time)+" seconds passed, toast is finished,
the bread is "+ status[self.bread_status])
    else:
        return ("No slice in Toaster!")
```

都明白了吗？检查多士炉中是否有面包片，然后根据属性 toast_time 更改面包片的状态。面包片的状态从列表 status 中输出。当然，你可以对此方法做出其他定义——完全由你决定。

现在，你的面包片应当可以弹出了，例如，可以用以下方法实现：

```
def slicePopUp(self):
    status = ["not toasted", "lightly toasted", "heavily
            toasted","burnt"]
    info = str(self.number_slices)+" Slice(s) popped up.Condition:
"+self.status[self.bread_status]
    self.number_slices = 0
    self.bread_status = 0
    return info
```

将这些类定义一起使用，你将获得一个多士炉对象，其或多或少与完成的对象一样，你可以开始练习使用这个对象。现在你已经知道如何自己制作多士炉了。

总结：类

■ 要创建自己的对象类，请在 Python 中编写一个始终以 class Name: 开头的定义。Name 代表类使用的名称，并以大写字母开头。

- 然后是对象应当有的缩进的变量（属性），以及对象可以执行的函数（方法）。
- 变量可以使用"变量名 = 值"直接指定变量。它们是对象变量，即对象的属性，"对象名 . 属性名"可以一起使用。
- 在类定义中，对象函数（方法）和带有"def 函数名称（参数）"的普通函数一样，因此一个函数的第一个参数必须始终为"self"，然后可以跟着写上其他向函数传递的值。
- 在 Python 中，有一些用于类定义的特殊函数，例如生成对象时自动调用的 __init__ 函数，当对象名为字符串时自动调用的 __str__ 函数。
- 类名始终以大写字母开头书写。像 Python 中其他所有内容一样，所有其他变量和函数（对象名称、属性、方法）都以小写字母开头，因此我建议在 TigerJython 中使用 camelCase 这样的书写方式。

派生与继承——超级多士炉

最后，还有一个类和对象定义的非常重要的属性。也许你发现多士炉不错，并在一个程序中创建了多个多士炉对象，例如 toasty、toasty2、toastmaster，等等。下一步，你想再做一个可以完成更多工作的多士炉。一种可以设置温度的工具，如果温度过高，则会发出警报。普通多士炉具备的所有其他属性，它也同样拥有。

当然——你现在可以简单地定义一个新的对象类，该对象类比以前的 Toaster 类包含更多的变量和函数。但是，为什么要在已经有基本属性的情况下重新发明呢？我们真正需要的是 Toaster 类的拓展。具体如下：

```
class SuperToaster(Toaster):
```

再次定义一个类，这次以 SuperToaster 为名称，在这个类定义中给出了一个已经存在的类，即 Toaster。

这意味着，这个新的类将自动接管 Toaster 类的所有变量和函数。也可以说一个类"继承"了另一个类的一切。被继承的类称为"基类"。或者还可以说：SuperToaster 从 Toaster 类派生，并继承其属性和方法。

最初，SuperToaster 类的定义与 Toaster 类的相同。

如果你这样定义它：

```
class SuperToaster(Toaster):
 pass
```

一个新的类将被定义为与 Toaster 类完全相同。（pass 的意思是"不添加其他任何东西"，它是一个空命令，表示此处无须再添加任何其他内容，并且类定义是完整的。）

现在，你还可以输入成这样：

```
toasty = SuperToaster(3,"red")
print toasty
```

结果和之前 Toaster 的结果一样。Toaster 的属性和方法已传递给 SuperToaster，它们已被继承。你可以在此多士炉中放面包片，它也可以烤面包片。

当然，定义一个与上一个类完全相同的新类没有多大意义。因此，你现在可以扩展新的类。

```
class SuperToaster(Toaster):
    temperature = 300
```

现在，我们有了一个多士炉，其功能与普通多士炉相同，在一开始时还有一个属性 temperature 为 300 度。我们可以随时更改它：

```
toasty = SuperToaster(3,"red")
toasty.temperature = 250
```

我们现在也可以将自己的方法添加到新的超级多士炉中，对现有的方法做补充。例如烘烤温度是在我们设定的温度范围内：

```
def temptoast(self):
    if self.temperature > 500:
        return "Alarm: The toaster is too hot!"
```

```
elif self.temperature < 100:
    return "The bread is not toasted - too cold."
else:
    return self.toast()
```

首先检查温度是否合适，如果多士炉过热，就报告温度过高，而多士炉过冷时报告温度过低。只有在温度合适的情况下，才会进入正常的烘烤过程。

由于继承了所有 Toaster 的方法，该类也可以使用这些方法。

如果我们在 SuperToaster 类中定义了一个新函数，但它与基类中的函数（Toaster）具有相同的名称，会怎么样？例如：

```
class SuperToaster(Toaster):
    def toast(self):
```

……

非常简单，继承的函数 toast() 被新定义的同名函数覆盖。如果我们在 SuperToaster 类中定义一个函数 toast()，则此新函数仅适用于它创建的对象，不再是从基类继承的对象。

这样，你可以定义基于现有类的新类，也可以用其他函数替换其中的一部分。这是构建类的改变型的方式。例如一个功能与其他多士炉基本相同的多士炉，但是具有完全不同的烘烤机制。

嗯……这就有很多呢。很多多士炉——我可以理解为，你可能对烤面包片再也没有兴趣了。

但是，了解对象编程的基础非常重要，因为稍后你将使用对象对所有内容进行编程——一旦内化理解了它的工作方式，使用它对你而言将非常自然，并且使编程变得容易得多。在下一章中，我们终于可以开始制作对象游戏了，那才是真正的乐趣！

总结：对象编程

■ 对象是以特定名称组合的变量（属性）和函数（方法）的组合。

■ 一个 Python 对象，就像现实中的对象一样，可以具有属性和功能。

- 对对象的描述是对象的类。它在类定义中被准确定义。类定义中包含对象可用的所有变量和函数。

- 但是，类不是对象，就像配方不是蛋糕一样。你可以随时从一个类中创建一个（或多个）对象，然后该对象将具有该类中定义的所有功能。

- 已编好程序的对象就像程序的独立元素一样，你可以向其分配属性并为它们提供独立执行的命令。

- 对象类可以从头开始编程，也可以基于现有的类并对其进行扩展或更改（类的继承）。

- 你可以轻松导入和使用许多针对 Python 的预定义对象。你所要做的就是知道对象的属性和方法是什么，如何引用以及它们的作用。使用预定义的对象可以提供广泛的编程可能性，而这些工作所需的精力相对较小。

第十七章

游戏网络——使用对象创建游戏

> 现在终于完成了自由活动：你已经知道什么是对象。而现在你将开始学习如何使用功能非常强大的对象库。逐步了解如何为一个真正的游戏进行编程。

在前面的章节中，我们已经使用了许多实用的库。使用最广泛的是 G- 海龟库，该库可用于创建海龟绘图程序和设计各种彩色图形。这也是一个对象库。我们只是没有以一种真正的面向对象的方式使用它。你可以用它做更多的事情。例如，创建多只海龟或其他可以互相交流的人物。如果你愿意，可以在书的最后尝试一下。

现在，我们转到另一个模块，该模块与 G- 海龟模块一样已经包含在 TigerJython 软件包中。它叫 gamegrid，这个名字的意思是"游戏网格"。听起来平淡无奇。但是这个名称背后是广泛且强大的对象类和函数集合，它为我们提供了编写各种游戏所需的一切：一个游戏场景，可自由移动的人物，一个游戏流程，使用鼠标和键盘的查询等……gamegrid 实际上被称为 JGameGrid，最初用于 Java 的教学用游戏引擎。由于 TigerJython 也是基于 Java 的，所以在 Python 中完全可以使用和控制游戏网格库。

你可以通过直接导入游戏网格库，然后从其预定义的类中生成对象，由此调用创建对象来使用和处理所有这些函数，你稍后还可以使用自己的程序调整和控制对象的属性和方法。如你所知，重要的是要准确地知道哪些类、属性和方法可以被调用，它们被调用的值是什么以及它们的作用是什么。现在，我们希望逐步探索并了解这些。

就像刚才提到的，为了能够使用该库，当然必须先将其导入。在与游戏网格一起使用的每个程序的开头，总有以下命令：

```
from gamegrid import *
```

这意味着我们的程序可以使用游戏网格库中的所有函数和类。

在游戏网格库中，有两个主要的类可用于创建对象。一个是名为 GameGrid 的类，它可以运行程序的游戏场景或窗口。另一个是 Actor（意思为演员）类，它是"游戏角色"——可以在游戏场景中移动的图形对象。（此外，还有一些较小的类，以后会用到。）

生成一个游戏场景

要获得一个公平的竞争环境，也就是进行游戏的窗口，你首先需要生成一个 GameGrid 对象，然后使用方法 show() 使这个对象显示出来。

使用命令

```
field = GameGrid()
```

如果你已经创建了一个名为 field 的游戏场景对象，就和对象一样（回想多士炉），通常在创建对象时设置对象的一些基本属性是明智的。例如，游戏窗口的大小非常重要，否则为 0。你可以使用不同的参数生成 GameGrid 对象。__init__ 函数很灵活，可以正确处理这个问题。

例如，非常简单的就是使用参数 width, height 生成：

```
field = GameGrid(400,400)
```

这将创建一个宽度和高度都为 400 像素的游戏窗口。

但是只创建对象还不够——你还需要看到它。为此，需要在 GameGrid 中使用方法 show()。现在，第一个完整的程序是这样的：

```
from gamegrid import *
field = GameGrid(400,400)
field.show()
```

启动程序——你将看到会发生什么（如图 17.1 所示）。

你已创建了自己的第一个游戏场景。背景为黑色，因为尚未定义其他颜色。标题为"Jython Game Frame"——你当然可以在其中写入一些其他内容。

你可以使用右上角（在 Mac 上为左上角）的关闭符号再次关闭窗口。这将删除对象，从而终止你的程序。

现在，我们可以立即更改属性"背景颜色"和"标题行"。在游戏网格中定义用于更改属性的方法。你不能将它们作为对象变量直接进行更改（例如 field.title = "MyTitle"），但是始终可以使用内置的对象函数来进行更改，例如 field.setTitle("MyTitle")

使用以下方法更改背景颜色：

```
setBgColor(Color)
```

可以通过不同的方式指定颜色，例如使用 RGB 值（三个数字确定颜色的红色、绿色和蓝色比例）。

field.setBgColor(255,255,255) 会将背景颜色设置为白色（RGB 255,255,255 是白色）。BgColor 代表英语"background color"，即背景颜色。

但是同样也可以这样做：

```
field.setBgColor(Color.WHITE)
```

此处使用具有属性 WHITE 的对象 Color（这也是游戏网格库的一部分）。
它仍然会像这样工作：

```
field.setBgColor(makeColor("white"))
```

这里使用函数 makeColor()，它将英语标准颜色词转换为颜色对象。

你可以根据需要进行操作。在这个示例中，我使用的是 RGB 值，因为你可以根据
需要使用它们来创建 1600 万种不同的颜色。

你如何找出一种颜色的 RGB 值？

借助互联网，这非常容易。使用搜索引擎搜索"颜色选择器（Color Picker）"。然后
你将获得众多工具，可以从颜色选择器中选择所需的颜色，R、G 和 B 三个值就会显示
出来。几秒内即可完成。

现在到游戏窗口的标题行，你可以使用以下方法轻松更改它：

```
setTitle("Text")
```

这是现在的整体外观（如图 17.2 所
示）：

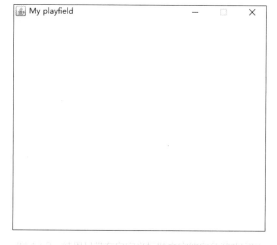

```
from gamegrid import *
field = GameGrid(400,400)
field.setBgColor(255,255,255)
field.setTitle("My playfield")
field.show()
```

你甚至可以在生成 GameGrid 游戏
窗口时添加更多属性。它不仅可以有背
景颜色，还可以使用背景图片，你可以

图 17.2　结果是带有自定义标题文字的白色游戏窗口

在图形程序中创建自己的背景图片，也可以从其他来源获得背景图片（一些图片已经内置在 TigerJython 中，可供使用）。

更改生成游戏窗口的行，具体如下所示：

```
field = GameGrid(600,600,1,None,"sprites/reef.gif",False)
```

这将创建一个大小为 600×600 像素的游戏窗口，其像元大小为 1 像素，不显示网格（None 代表的意思），内置图像 reef.gif 用作背景图片，并且不显示控制栏（False）。试试看，然后查看结果（如图 17.3 所示）。

图 17.3　漂亮，珊瑚礁！

从命令中可以看到，创建对象时还可以定义游戏窗口的所谓网格。例如，游戏窗口可以由 40×40 的像元组成，每个像元为 10 个像素大小。那么它就是 400×400 像素，但是字符只能在像元之间移动，即始终为 10 个像素。稍后我们将详细介绍。例如，对于棋盘游戏而言，这非常实用。首先，和之前一样，我们只需要将每个像元作为一个像素。

- 可以用来创建执行程序的游戏窗口的类被称为 GameGrid。
- 通过创建 GameGrid 类的对象，例如 field = GameGrid()，用来创建游戏窗口。
- 生成对象时，可以将其基本属性（例如尺寸、背景颜色、背景图片等）作为括号中的参数。
- 之后，可以通过使用适当的值调用对象的相应属性和方法来修改这些属性和方法。
- 为了使游戏窗口不仅作为一个对象存在，还可以在屏幕上看到，你必须使用方法 show() 使其可见。

Actor——角色进入游戏

游戏窗口上的一切都很好。但是为了能发生些什么，我们迫切需要能够在上面移动的游戏角色。

该库为我们提供了非常重要的 Actor 类。将游戏角色代入我们的游戏窗口需要两个步骤：

1. 生成 Actor 类的对象。

2. 使用方法 addActor() 将其添加到游戏窗口中。

快速创建一个游戏角色。我们希望在珊瑚礁中放入一条鱼。具体如下：

```
fish = Actor("sprites/babelfish.gif")
```

创建时，仅给出使用的图像文件名称。在这里，我们再次使用随附的图片。

现在，鱼必须进入游戏窗口。具体如下：

```
field.addActor(fish,Location(300,300))
```

Actors 的位置（x 和 y 坐标）是游戏网格的单独对象。因此，我们必须将其插入

Location（x 值 , y 值）。将鱼放在（ x:300，y:300）的位置——这恰好是游戏窗口的
中心。

总的来说，该程序如下所示：

```
from gamegrid import *
field = GameGrid(600,600,1,None,"sprites/reef.gif",False)
field.setTitle("Coral reef")
fish = Actor("sprites/babelfish.gif")
field.addActor(fish,Location(300,300))
field.show()
```

这样就可以做好了，游戏窗口已经创建完成，并在其中放置了一个游戏角色（鱼，
如图 17.4 所示）。

图 17.4　珊瑚，鱼正藏在那里呢！

注意：零点位于左上方

在游戏网格的游戏场景中，坐标系和 G- 海龟中的不同。在游戏网格中，零点始终在左上方。也就是说，坐标（x:0, y:0）是左上角的点。向右、向下的数字会不断增加。因此，右下角是（x:600, y:600）。

鱼应当活动

现在，整个场景应该动起来。鱼应该移动。`Actor` 具有可用于运动的内置方法。使用方法 `move(Steps)`，可以将鱼移动指定数量的单元，即鱼沿着作为属性设置的方向移动（在开始时将其方向设置为向右）。你还可以使用 `turn(grad)` 更改方向。

了解 Python 之后，你当然可以编写一个小程序来自动移动鱼。使用方法 `move(1)`，你可以继续移动鱼对象（此处为 1 像素），并且沿着其当前所在的方向（始终从开始为向右）。每当 `Actor` 在游戏场景中变更其位置，你必须使用游戏场景的方法 `refresh()`，以便使用图形的新位置绘制——否则就看不到这一变化。

因此，你可以在程序末尾附加一个循环，在该循环中，将鱼重复地再移动一个位置：

```
repeat 500:
    fish.move(1)
    field.refresh()
```

试试看。你注意到了什么？

你让鱼闪现了片刻，随后消失了。

如果它向右移动 500 像素，那么它就将从游戏场景中消失了。这一切发生得如此之快，以至于你几乎看不到它。

为了使游戏可以玩，需要"调整时间"——换句话说，必须建立延迟机制，以便游戏以合适的速度运行。

为此，在游戏网格库中已经有一个你可以使用的实用函数 `Delay(ms)`——delay 表示"延迟"或"暂停"，数值表示以毫秒为单位的等待时间。

```
repeat 500:
    fish.move(1)
    field.refresh()
    delay(50)
```

如果以这种方式进行尝试，则每次运动后都有 50 毫秒的暂停时间，你会看到鱼在画面上向右游泳。就和我们想的一样。现在游戏按照 50 毫秒的周期运行，也就是每秒 20 帧。

顺便说一句，该程序继续进行，直到鱼向右游动 500 像素为止。GameGrid 不在乎鱼在哪个位置以及它是否仍然处于游戏窗口区域内。当它移动到窗口外面时，就不再可见。

关闭游戏窗口时，该程序不会结束，仅当 repeat 循环结束时才终止。你始终可以通过单击程序顶部的红色停止按钮提早结束程序。

如果你不希望鱼简单地消失，那么你当然可以扩大其运动程序。一旦它离开窗口的右边，它的位置就会再次设置到最左边。

为此，你必须查询鱼的 x 位置。这是通过游戏网格中的 fish.getX() 函数完成的。要将 x 位置设置为新值，请使用 fish.setX(value) 的方法。

也就是说，例如，这次有一个 repeat 永久循环（你要记住，如果 repeat 没有数值，就会成为无限循环），这一次，让鱼游得快一些：

无限循环	`repeat:`
鱼移动	`fish.move(1)`
更新图片	`field.refresh()`
等待 20 毫秒	`delay(20)`
从最右侧开始	`if fish.getX() > 630:`
设置为最左侧	`fish.setX(-30)`

鱼处于 x 位置 630 左右就会游出窗口。然后将其设置为位置 –30——恰好在左边缘的左侧。然后鱼会重新游回窗口中。

总结

为了使用游戏网格库对游戏进行编程，需要首先创建 GameGrid 类的对象。就是游戏窗口。将其设置为所需的尺寸，此外还可以设置标题、网格和背景。

然后，通过在创建过程中传输确定玩家外观的图像文件，将游戏玩家创建为 Actor 类的对象。使用方法 addActor()，将图形添加到游戏窗口中的某个位置 Location(x,y)。

为使游戏活动起来，该程序的主要部分需要一个连续循环，该循环包含 delay() 函数（游戏的周期），并且可以在每次运行中更改玩家的位置。为此，可以使用方法 move() 或 turn() 用于更改每个玩家对象的 x 位置、y 位置或更改图案。在每个小节中必须调用游戏窗口的 refresh() 方法，使其变更为可见。

有自己生命值的游戏角色

一切运行得都很棒。但是，一旦我们有几个角色对象在游戏窗口中四处游荡，我们的主程序就必须一个接一个地查询每个角色的位置，并相应地移动它们。当游戏扩展时，会添加更多内容，而这时，失去概览的风险会非常高，主程序会变得非常冗长和复杂。

但是，面向对象编程的最大优势在于我们的对象可以完全独立。如果只想让鱼向右移动，然后再从左边重新开始，以这样的运动作为"鱼的移动方法"，那么不必在单独的程序中进行外部控制。

众所周知，对象有属性和功能。如果我们给鱼设定按照独特方式游泳的能力，会怎么样呢？

为此，我们必须在程序中生成一个独特的鱼的类型，其从 Actor 类中派生出来，并且带来有用的能力。

```
class Fish(Actor):
    def swim(self):
        self.move(1)
        if self.getX() > 630:
            self.setX(-30)
```

因此，我们定义了一个名称为 Fish 的新对象类，该对象类从 Actor 类中派生出来，其可以执行所有 Actor 可以进行的操作。此外，它现在还获得了方法 swim()。

现在，创建 Fish 对象并将其放置在游戏窗口中：

```
fish=Fish("sprites/babelfish.gif")
field.addActor(fish,Location(200,200))
```

而且主程序中的循环变得更容易：

```
repeat:
    fish.swim()
    field.refresh()
    delay(20)
```

如果我们现在添加第二条鱼，那么主程序会更加清晰。它按以下方式生成并设置到游戏窗口中：

```
fish2 = Fish("sprites/babelfish.gif")
field.addActor(fish2,Location(200,200))
```

而且主循环仅获得一条附加命令：

```
repeat:
    fish.swim()
    fish2.swim()
    field.refresh()
    delay(20)
```

整个程序如下所示：

```
from gamegrid import *
field = GameGrid(600,600,1,None,"sprites/reef.gif",False)
field.setTitle("Coral reef")
class Fish(Actor):
    def swim(self):
        self.move(1)
        if self.getX() > 630:
            self.setX(-30)

fish = Fish("sprites/babelfish.gif")
field.addActor(fish,Location(200,200))
fish2 = Fish("sprites/babelfish.gif")
field.addActor(fish2,Location(300,300))
field.show()
repeat:
    fish.swim()
    fish2.swim()
    field.refresh()
    delay(20)
```

这样，两条鱼在水中，都向右游动，返回左侧后再次开始游动，在 Fish 类中只需要定义一次运动，就可以将其应用于用该类创建的任何新对象中。

使用我们的游戏网格一切运行变得更容易、更好。

游戏场景控制周期

因为游戏网格是专门为游戏编程而创建的，所以它已经建立了一种机制，通过这种机制可以在给定的周期内自动运行所有游戏角色，执行移动或其他动作，然后重新绘制游戏场景。就像在电影中一样，每秒显示 50 次新的游戏场景，并且进行更改。这为我们节省了需要执行这些内容的 repeat 循环。我们将看到这是多么实用。首先，你必须确切了解其工作方式。

游戏场景对象 GameGrid 有一个名为 doRun() 的方法。

当你调用此命令时，游戏场景对象内部会自动运行一个长久循环，会检查游戏场景中的所有游戏角色，并在指定的时间执行其主要动作。之后，每次都会执行一次 refresh()，并重新绘制游戏场景。因此，无论游戏场景中有多少个游戏角色，它们都可以自动运行全部内容。

游戏场景对象如何得知哪个游戏角色在每个周期之间应当执行哪个动作？

这在游戏网格中具体确定。要执行的动作始终在游戏角色的方法 act() 中。默认情况下，该函数在 Actor 类中为空。因此，我们必须为想要创建的每种类型的角色定义一个基于 Actor 类派生的类，并且获得一个自己的 act() 函数，括号中说明角色在每个周期中应当执行的操作。

在开始之前，游戏周期的时长需要通过以下方法通知游戏场景。

```
field.setSimulationPeriod(milliseconds)
```

复杂吗？一旦你熟悉了游戏网格，一切对你而言就是自然而然的事情。鱼程序具体如下：

```python
from gamegrid import *

class Fish(Actor):
    def act(self):
        self.move(1)
        if self.getX() > 630:
            self.setX(-30)

field = GameGrid(600,600,1,None,"sprites/reef.gif",False)
field.setTitle("Coral reef")
fish = Fish("sprites/babelfish.gif")
field.addActor(fish,Location(300,300))
field.setSimulationPeriod(20)
```

```
field.show()
field.doRun()
```

都明白了吗？启动程序时，和之前一样，鱼反复从左游到右。但是这个并不受程序中 repeat 循环的控制。程序创建对象，然后结束。现在，鱼是完全独立的对象，自己会移动。它能够这样做，因为方法 doRun() 负责，每 20 毫秒调用鱼的 act() 方法。鱼对象"变得很活跃"，它不必再受到外部，也就是不再受到主程序的控制。可以说，游戏场景已经启动了其内置的影片放映机，并且可以自动运行，每 20 毫秒会启动所有角色的 act() 方法，然后再次更新其图像……无休止地直到关闭程序。

当你需要多个相同的对象时，你就会注意到这意味着什么。如果现在创建 10 个鱼对象，并将它们添加到游戏场景中的不同起始位置，该怎么办？

你可以在循环中创建它们。这是一种可能性：

```
x = 50
y = 50
repeat 10:
    fish = Fish("sprites/babelfish.gif")
    field.addActor(fish,Location(x,y))
    x += 50
    y += 50
```

该循环一个接一个地创建 10 个鱼对象。为了使它们不都从同一位置开始，使用变量 x 和 y，它们使之后每个对象增加 50 像素。需要将这些行放在生成鱼的程序并将鱼放入场景中的代码后边。

试试看（如图 17.5 所示）。

这对于 100 条鱼同样适用。当然，鱼不仅可以有不同的位置，还可以以不同的速度移动，这样鱼会各种各样地游动。一旦为 Fish 类定义了动作，所有这些都将单独起效。每条鱼都是完全独立的，并坚持执行自己的属性和能力，不受外界的控制。

图 17.5　10 条鱼在场景中游动。你不需要控制每条鱼的游动。
这是场景的方法 doRun()，在其作用下，鱼自己游动

有很多鱼的列表

在此过程中可能出现一个问题：为什么循环能以这种方式创建 10 条鱼——它们全部都拥有相同的名字？的确是这样的。通常，你不能连续定义两个具有相同名称的独立对象，第二个对象将覆盖第一个。但是，这种方式可以。由于该对象已添加到 GameGrid 里，因此它会插在内部名称和字符串索引下。GameGrid 在内部使用对象列表工作时，即使每个对象在创建时都具有相同的原始名称，它也可以单独检查到每个对象。

如何更改程序，以便每条鱼都有自己的速度？如果你想，可以自己试试。你必须改写并扩大 Fish 类。

例如：

```
class Fish(Actor):
    speed = 1
    def act(self):
        self.move(self.speed)
        if self.getX() > 630:
            self.setX(-30)
```

变量 speed 属于每条鱼的属性。在开始时，其为 1。但是，对于每个对象，也可以从外部进行设置——例如，使用 1 至 10 之间的一个整数。

如果使用随机数会怎样？这需要导入命令 randint（生成随机数）。

每条鱼都这样设置：

```
fish = Fish("sprites/babelfish.gif")
  fish.speed = randint(1,10)
  field.addActor(fish,Location(x,y))
```

总体而言，程序如下所示：

```
from gamegrid import *
from random import randint

class Fish(Actor):
    speed = 1
    def act(self):
        self.move(self.speed)
        if self.getX() > 630:
            self.setX(-30)
field = GameGrid(600,600,1,None,"sprites/reef.gif",False)
field.setTitle("Coral reef")

x = 50
y = 50
```

```
repeat 10:
    fish = Fish("sprites/babelfish.gif")
    fish.speed = randint(1,5)
    field.addActor(fish,Location(x,y))
    x += 50
    y += 50

field.setSimulationPeriod(20)
field.show()
field.doRun()
```

结果如图 17.6 所示：

图 17.6 每条鱼的速度都不同，它们来回穿梭，这就像在一个真正的水族馆中，看上去是立体的

总结

GameGrid 类具有内置的游戏控制，对象可以通过它们连续运行，而无须从外部进行控制。

使用 setSimulationPeriod（毫秒数）确定一个周期的持续时间，使用 doRun() 启动所有对象的内部循环。这样，在每个循环中都会自动检查游戏场景中的每个角色，并执行其方法 act()。然后更新游戏场景并开始下一个循环。可以将任意数量的新对象添加到游戏场景中。如果它们有名为 act() 的方法，那么在每个周期中，对象会自动激活。

游戏网格中的控制栏

游戏网格还有一个非常实用的功能：在开发过程中，你可以随时放慢速度、加快速度、停止 doRun() 循环的执行，并且在必要时可以逐步进行。为此，在创建游戏场景时，只需在最后一个位置传递参数 True（代表 Controls = True）。

因此，再次执行该程序，并将这一行

```
field = GameGrid(600,600,1,None,"sprites/reef.gif",False)
```

变为

```
field = GameGrid(600,600,1,None,"sprites/reef.gif",True)
```

也就是用 True 替代 False 作为最后一个参数。

程序依然照常运行——但窗口下方出现了一个控制栏，它对你十分有帮助。

单击暂停，然后再次单击重新运行。因此，你可以随时停止主循环。如果单击 Pause，然后单击 Step，你可以在执行中一个周期一个周期的进行单步操作。使用右侧的滑块，你可以调整速度，并尝试哪种速度最适合游戏。单击 Reset 可以重置游戏到起始点（如图 17.7 所示）。

图 17.7 使用控制栏可以完全控制游戏

当你进行编程并且必须测试是否一切正常运行或问题出在哪里时，这个控制栏会特别有用。使用 Step 方法，你可以很清楚地看到，角色在什么位置，它们如何表现，在哪个位置可能存在争议。在使用游戏网格开发游戏时，建议始终显示控制栏。只有当游戏结束时，你才能将参数设置回 False。

在以下示例中，不会自动显示控制栏。但是你知道可以怎么做。如果你复制示例或自行更改和拓展，则应当始终使用控制栏。这可以节约许多时间，并避免很多问题。

了解更多有关游戏网格的信息

游戏网格提供了许多类、函数和属性。更多的内容我们无法在本书中详尽介绍。为了全面了解实际可用的内容，建议你在 TigerJython 菜单中转到"帮助"（Help）。在 APLU 文档中，你会找到许多有用的链接和参考——包括游戏网格模块，该模块列出了其中包含的类的最重要的方法和属性。这通常会对你有所帮助。

## 第十八章

游戏网格中的控制和事件

> 在上一章中，你了解并体验了游戏网格库，如何使用它创建游戏场景以及如何创建可以独立在场景中移动的角色。现在剩下的就是你需要将它变成一个真实的游戏！

我们在上一章中所做的就像是一个小型水族馆。鱼儿游来游去，小巧漂亮，一旦鱼对象诞生就可以独立运作起来。

如果将其变为游戏还缺少些什么呢？

很清楚，在游戏中，你不仅可以观看，还可以自己控制某些东西。有一些可以出现的事件，例如两个角色互相触碰，然后会相应发生一些好或不好的情况。

我们还需要控制角色的可能性，以及角色对事件做出反应的可能性。两者是直接相关的，因为按下鼠标或键盘上的键就是一个事件——如果一个角色对此有反应，那就可以由此来控制它。

因此，必须以某种方式告诉游戏对象它应该对哪些事件做出反应。还有你可以为 GameGrid 对象（游戏场景）添加一个 Event-Listener，意思就是"事件监听器"。每种事件类型都有一种添加到对象的特定方法。

我们将通过一个示例进行尝试。

首先，我们创建一个白色背景的简单游戏场景，并将螃蟹作为角色放置在底部中心（如图 18.1 所示）。

```
from gamegrid import *

class Crabs(Actor):
    pass
```

```
field = GameGrid(800,600)
field.setTitle("Crab game")
field.setBgColor(255,255,255)
crabs = Crabs("sprites/crab.png")
field.addActor(crabs,Location(400,550))
field.show()
```

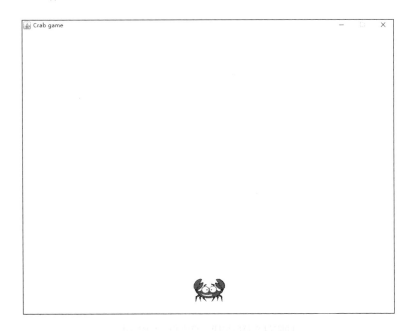

尽管螃蟹尚不具备任何功能或特性，但我们将其定义为一个类。接下来，我们假设希望可以使用键盘左右移动此螃蟹。这有多种方式——我们先尝试一种经过验证的方式。我们给游戏场景提供一个事件监听器，也就是说，告诉它事件发生时（按下按键）应该调用哪个函数。

field.addKeyRepeatListener(keyPressed)

这意味着，将键盘事件函数添加到游戏场景 field 中。每当游戏场景对象处于活动状态并且按下键盘上的任何按键时，对象 field 都将确保准确执行我们向其说明的操作。在这个示例中，我们使用函数 keyPressed()。我们当然还需要写入，因为它尚不包含任何内容。

因此，接下来我们要定义函数 keyPressed()。由于其已由事件监听器分配给 keyRepeat 事件（＝"持续按住按键"），因此它将自动接收所按下键的键码（Keycode）作为参数。

为此，我们必须知道哪个代码与哪个键相对应。让我们先自己找找看！

```
def keyPressed(keycode):
    print keycode
```

这就是当我们按下按键时自动执行的函数 keyPressed()。对象 field 对此负责，因为它已经接收到事件监听器。在这个示例下，仅输出键码。现在，整个程序如下所示：

```
from gamegrid import *
class Crabs(Actor):
    pass

def keyPressed(keycode):
    print keycode

field = GameGrid(800,600)
field.setTitle("Crab game")
field.setBgColor(255,255,255)
crabs = Crabs("sprites/crab.png")
field.addActor(crabs,Location(400,550))
field.addKeyRepeatListener(keyPressed)
field.show()
```

启动一下。发生了什么？螃蟹似乎和之前一样——但是我们现在对此并不感兴趣。按下键盘上的一个键后，其代码就会显示在输出窗口中。如果按住不放，会出现几次。现在，你可以看看哪个按键对应哪个代码。

我们应该使用哪些键左右移动螃蟹？

最好使用方向按键进行控制，也就是左箭头和右箭头。使用该程序，你可以立即找出这两个键的代码：37 和 39。你现在可以改写函数 keyPressed() 了。当按下左箭头时，螃蟹向左移动 5 个像素，当按下右箭头时，将螃蟹向右移动 5 个像素。你可以通过 move 和 turn 进行移动——但更简单的是在这里查询螃蟹的 x 位置并计算正 5 或负 5 并重新设置。

```
def keyPressed(keycode):
    xpos = crabs.getX()
    if keycode == 37:
        crabs.setX(xpos - 5)
    elif keycode == 39:
        crabs.setX(xpos + 5)
    field.refresh()
```

最后，当然还有 field.refresh()，因为该程序中尚没有自动执行此操作的 doRun() 循环。这要稍后使用，使用之后，我们就不再需要 refresh () 自己调用。

试试看（如图 18.2 所示）！

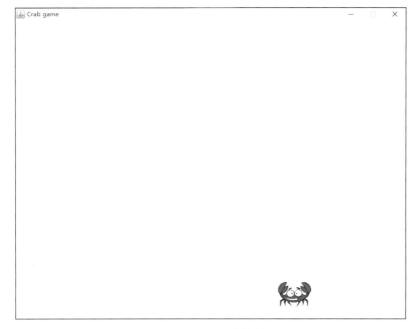

这里有一个容易修复的小瑕疵，左右移动螃蟹可能会移出游戏场景，不能看到或者不知道到底走了多远。你能自己解决这个问题吗？

可以这样解决，例如：

在向左移动之前检查螃蟹是否处于合适的右侧位置（距左边缘至少还有30像素），在向右移动之前检查螃蟹是否处于左侧合适的位置。

```
def keyPressed(keycode):
    xpos = crabs.getX()
    if keycode == 37: # 左
        if xpos > 30:
            crabs.setX(xpos - 5)
    elif keycode == 39: # 右
        if xpos < 770: crabs.setX(xpos + 5)
    field.refresh()
```

螃蟹仍留在游戏场景中，无法再移动出去。

棒极了！整个过程正在朝着真实的游戏逐步改变！下一步还需要出现一些螃蟹需要应对的角色。

总结

为了能够在游戏中使用鼠标或键盘进行控制，游戏网格中的对象必须能够"监听"鼠标和键盘事件，并对它们做出反应。为此，将事件监听器添加到对象中——这定义了，程序需要使用哪些函数对哪些事件进行反应。使用 field.addKeyRepeatListener (keyPressed)，我们可以告诉游戏场景中的对象它应该注意键盘上的按键操作，一旦按键被按下，就应当调用 keyPressed() 函数。当然，这个函数你必须自己写入。其将按下按键的编码自动用作函数，并且可以评估哪些按键按下了，并确定应当如何进行反应。

拓展游戏创意

目标：有气泡从上方掉落。开始只有一个气泡，然后我们可以多制作几个。每个气泡应具有自己相应的速度。为此，我们需要再次使用游戏场景的 doRun() 方法，以便在游戏中有一个周期，有一个包含 act() 的气泡类。和之前移动的鱼一样，只是移动方向为从上到下。

因此，我们来定义气泡。它应该从顶部向底部移动——从 y 位置为 600 移到 y 位置为 0。然后，再自动回到顶部，并重新进入游戏场景中。我们现在仅使用 getY() 和 setY() 来设置与水平位置相似的垂直位置。

```
class airBubble(Actor):
    def act(self):
        ypos = self.getY()+3
        self.setY(ypos)
        if ypos>600:
            self.setY(-10)
```

这是气泡类的基本代码，我们稍后会进行深入拓展。确定垂直位置（ypos），并加上 3，然后气泡就会被设置到新位置上，直到其大于 600（在最底部边缘——然后又返回上方）。

为了进行测试，你必须从 airBubble 类中生成一个对象。在每个周期中使用 act() 方法定期执行，还要启用场景中的自动循环 doRun()。

```
bubble = airBubble("sprites/bubble1.png")
field.addActor(bubble,Location(400,-10))
field.setSimulationPeriod(20)
field.show()
field.doRun()
```

如果所有这些你都清楚了解了，那么你现在拥有以下程序——注意，现在在位置更改后取消了 refresh()，因为无论如何 doRun() 都会每 20 毫秒自动更新一次场景：

```
from gamegrid import *

class Crabs(Actor):
    pass
```

```
class airBubble(Actor):
    def act(self):
        ypos = self.getY()+3
        self.setY(ypos)
        if ypos>600:
            self.setY(-10)

def keyPressed(keycode):
        xpos = crabs.getX()
        if keycode == 37:
            if xpos > 30:
                crabs.setX(xpos - 5)
        elif keycode == 39:
            if xpos < 770:
                crabs.setX(xpos + 5)

field = GameGrid(800,600)
field.setTitle("Crab game")
field.setBgColor(255,255,255)
crabs = Crabs("sprites/crab.png")
bubble = airBubble("sprites/bubble1.png")
field.addActor(crabs,Location(400,550))
field.addActor(bubble,Location(400,-10))
field.setSimulationPeriod(20)
field.addKeyRepeatListener(keyPressed)
field.show()
field.doRun()
```

启动时，螃蟹出现，你仍然可以左右移动它。与此同时，出现从上往下掉落的气泡，到达底部后重新从上往下掉落。

很酷！但现在最令人兴奋的问题是：当螃蟹碰到气泡时，会发生什么？

碰撞：游戏角色之间的互动

大多数游戏都涉及角色之间相互接触或回避。为此，你必须对两个图形重叠时发生的事件做出反应。这种事件叫作碰撞事件。当然，游戏网格也有明确定义的相关处理程序。为了能够在程序中处理碰撞事件，在游戏网格系统中需要做两件事：

1. 必须使用方法 addCollisionActor() 将可以与主要角色发生碰撞的对象（游戏角色）添加为主要角色，然后将其放入碰撞对象的列表中。

2. 在由玩家控制的主要角色中，必须定义一个方法 collide()，当该方法与列表中的碰撞对象碰撞时，它会被自动触发。该方法自动接收两个值作为参数，即两个相互碰撞的对象。

具体为：螃蟹需要一个名为 collide() 的函数，该函数包含发生碰撞时要执行的所有操作。仅当螃蟹与其碰撞列表中的对象碰撞时，才会调用此函数。

因此，必须在创建螃蟹后立即将创建的气泡写入碰撞列表。这是使用 crabs.addCollisionActor(Bubble) 完成的。

将 airBubble 对象的创建进行如下修改：

```
bubble = airBubble("sprites/bubble1.png")
crabs.addCollisionActor(bubble)
field.addActor(bubble,Location(400,-10))
```

中间的行是新的。用这些编码，气泡对象被添加到螃蟹的碰撞对象列表中。现在，螃蟹已准备好与气泡碰撞。我们只需要告诉它发生碰撞时该怎么办。

因此，我们将函数 collide() 放在 crabs 的类定义中，代码可以是这样的：

```
class Crabs(Actor):
    def collide(self,actor1,actor2):
        field.removeActor(actor2)
        return 0
```

这里有几件事必须说明。当两个对象彼此触碰时，执行的函数始终被称为 collide()（游戏网格这样规定）——如前所述，在这里同时有两个参数可用，即两个对象，名字分别为 actor1 和 actor2。actor1 是发生碰撞的第一个对象（在这个示例中为螃蟹），actor2 是与螃蟹发生碰撞的对象（气泡）。

现在，函数有什么用？它清除了游戏场景中的气泡。命令 field.removeActor (actor2) 对此有用。

removeActor() 与 addActor() 相反——不是添加游戏角色，而是将其删除。因此，气泡在接触到螃蟹时便消失了，并且在下一次刷新后便看不到了（每 20 毫秒使用 doRun() 自动进行刷新）。

最后，函数中还有 return 0。函数 collide 必须总是使用 return 返回一个整数值。虽然在这里不使用，但是我们必须创建，否则程序不会运行。

这样一来，通过写入碰撞函数，可以进行一个测试。尝试扩展一下程序。

程序运行了（如图 18.3 所示）！现在，你可以继续进行扩展。一个气泡当然不够——应该有很多个气泡。那绝对没问题。你只需创建 100 个气泡对象。然后，螃蟹可以收集它们。

图 18.3　这点在碰撞之前，碰撞之后，气泡消失

　　100 个气泡应放在哪里？从逻辑上讲，它们都必须位于不同的位置，否则将彼此重叠。我建议将它们随机放置，即 x 位置在 30 到 770 之间，y 位置在 –30 到 –570 之间。所有气泡都会从上往下掉落。

　　让我们尝试一下！为了出现随机数，我们必须在开始时使用从随机模块导入的 randint，然后就可以开始了。

　　在开头添加：

```
from random import randint
```

　　我们不再创建和添加气泡，而是使用一个有 100 个气泡的循环：

```
repeat 100:
    bubble = airBubble("sprites/bubble1.png")
    crabs.addCollisionActor(bubble)
    field.addActor(bubble,Location(randint(30,770),randint
(-570,-30)))
```

　　就是这样。启动程序（如图 18.4 所示）！

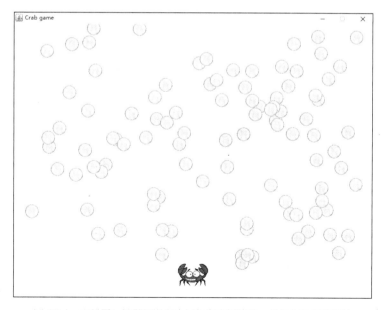

图 18.4　太酷了！螃蟹可以在大串气泡之间移动，并且将气泡清除掉

游戏场景已经非常漂亮了。为了使场景更生动形象，气泡可以以不同的速度下落。

可以如何解决？

好吧，AirBubble 类必须再扩大一些。之前，我们已经对鱼进行过相似的处理。气泡也可以进行同样的处理。我们需要一个属性 speed（"速度"），在 act() 方法运行时，必须考虑速度。要真正使其有效，你可以在气泡在下方消失并重新在上方设置时，让速度随机改变。

因此，新的 AirBubble 类可以设置为：

```python
class airBubble(Actor):
    speed = 3
    def act(self):
        ypos = self.getY()+self.speed
        self.setY(ypos)
        if ypos>600:
            self.setY(-10)
            self.speed = randint(2,6)
```

在类开始时，引入属性 speed 并设置为 3。它当然可以为每个对象单独设置不同的值。

在 act 方法中，ypos 不能再设置为 +3，而是设置为 +speed。根据该值，气泡可以更快或更慢掉落。如果 ypos 大于 600，即气泡从最底部再次设置为从顶部开始，speed 也会改变，并且可能变得更快或更慢——完全随机（2 到 6 之间的值看起来不错，当然，你还可以尝试其他值）。

现在必须相应地调整气泡对象的创建，因为每个气泡在开始时应分别收到不同的 speed 的随机值：

```python
repeat 100:
    bubble = airBubble("sprites/bubble1.png")
    bubble.speed = randint(2,6)
    crabs.addCollisionActor(bubble)
    field.addActor(bubble,Location(randint(30,770),randint
```

```
(-570,-30)))
```

试试在程序中进行这些更改。你注意到了吗？由于速度不同，气泡现在看起来更加真实自然，甚至会给人留下深刻的印象——特别是一些气泡继续向前，而另外一些向后。使用螃蟹，你仍然可以抓住气泡并使它们消失。

总结

在许多游戏中，你必须处理两个游戏角色相互碰撞（子弹与飞船，玩家与敌人，螃蟹与气泡等）时发生的情况。为此，游戏网格有一个非常清晰的流程。在游戏中，你必须通知 Actor 对象，哪个对象是它的碰撞伙伴。可以添加一个，也可以连续添加多个。使用命令"object1.addCollisionActor（object2）"就可以做到。

在对象与它的碰撞伙伴之一发生碰撞后，它将自动调用自己的方法 collide()，该方法说明发生碰撞时应执行的操作。你必须为对象编写此方法。要么游戏结束，计入得分，要么触发爆炸，或发生其他任何事情。

添加声音

现在，我们应该从这个测试程序开始制作一个真实的游戏。首先，让我们添加一些声音。每当气泡破裂时，都应该有声音。如果你愿意，你可以根据需要录制自己的"噗"音效。然后，这个音频文件必须保存在 Python 文件夹的 wav 文件夹中。或者，你可以使用现有的几个音效之一。选择不是很多，我们就直接使用音效 click.wav。

回想一下有关声音的章节。现在，我们必须在程序中添加几行，使其产生音效。现在，我们在开头添加用于声音系统的导入命令：

```
from soundsystem import*
```

我们只需要将声音的回放合并到螃蟹的 collide 方法中即可。程序看起来像这样：

```
def collide(self,actor1,actor2):
    field.removeActor(actor2)
```

```
openSoundPlayer("wav/click.wav")
play()
return 0
```

测试游戏——最好不要使用最大的音量。每一次，当螃蟹碰到气泡时，都会发出"Click"的声音。非常棒！

游戏需要对手

现在，这个游戏的外观已经比较精致，但是它没有任何难度。在螃蟹来来回回走动几次后，所有的气泡都会被它碰到。然后就什么都没有了。这是一个打样，还不是游戏。为了让游戏更有趣，必须设置一些可能会导致失败的难度。大多数情况下是设置其他游戏角色或物体作为对手，例如必须避开的物体，有时是有时间限制。

我对这个游戏的建议是我们引入其他"毒泡泡"，它们会在游戏中移动，螃蟹不得碰触，否则就会失败。这使游戏更具吸引力，并且有了输赢。

那么，我们如何开始？我们必须为对手气泡定义一个类。我们将其称为PoisonBubble——我们的螃蟹不应碰触这些气泡。它们不会在游戏中从上到下移动，而是在游戏中从左上角到右下角倾斜地移动。而且它们的移动速度比普通气泡更快一些。

因此，让我们定义 PoisonBubble 类，并在其他类的定义之后将其写入程序中：

```
class PoisonBubble(Actor):
    speed = 5
    def act(self):
        ypos = self.getY()+self.speed
        xpos = self.getX()+self.speed
        self.setY(ypos)
        self.setX(xpos)
        if ypos>600:
            self.setY(-10)
            self.setX(randint(-400,500))
```

此处特别值得注意的是，在移动时，不仅 y 位置发生了变化，x 位置也发生了变化。因此，气泡总是同时沿对角线向下和向右移动。

当它们到达场景下边缘时，它们会再次上升，x 位置随机，y 位置为 –10。

现在必须先创建"毒泡泡"。我建议我们使用提供的图形"peg_2.png"——这是一个红色的球。我们先创建 5 个这样的球。

```
repeat 5:
    gbubble = PoisonBubble("sprites/peg_2.png")
    gbubble.speed = randint(4,8)
    field.addActor(gbubble,Location(randint(-500,400),randint
(-200,-20)))
```

球的起始位置在游戏场景的左上方，然后沿对角线向右倾斜下降。

当然你可以根据需要调整这些值。尽量多尝试几次。

无论如何，我们现在已经创建了 5 个"毒泡泡"，它们会沿对角线向下穿过场景下落，和其他气泡的路线不一样。启动程序（如图 18.5 所示）！

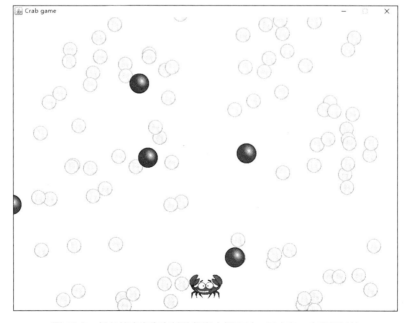

图 18.5 红色的毒泡泡在其他气泡之间飞过，其中有一个在场景外

看起来已经不错了现在是下一步：当红色毒泡泡击中螃蟹时，应该发生某些事情——直说就是游戏结束了。

我们如何编程？

实现目标有很多途径。我们可以为 PoisonBubble 类编写一个碰撞事件，并将螃蟹添加为碰撞对象。这就行了。

但是我在这里建议用另一种方式。和气泡一样，我们将毒泡泡添加到螃蟹中作为碰撞对象。如果我们只是这样而不需要采取其他措施，那么我们只需要一行：

```
crabs.addCollisionActor(gbubble)
```

该行将毒泡泡（作为对象：gbubble）添加到场景中的代码行之前。

现在启动程序，会发生我们期待的情况：和气泡一样，毒泡泡会在触碰螃蟹后随着一声 "Click" 消失。现在，它和触发了碰撞函数一样，和气泡没有太大区别。我们必须修改一下！

碰撞函数必须区分螃蟹碰到了气泡还是毒泡泡。

我们可以如何确定？

对此，我们有不同的方式。最简单的方式是读取对象中所属类的名称，然后进行调整。类的名称是对象的内部属性，尽管如此仍然可以从外部读取。可以使用这个代码：

```
object.__class__.__name__
```

在 class 和 name 的单词前后，必须分别有两条下划线——这是在对象中标识内部变量的方式。

现在必须相应地更改螃蟹的碰撞函数：

首先，检查是否是与螃蟹相撞的气泡：

```
def collide(self,actor1,actor2):
    if actor2.__class__.__name__ == "AirBubble":
        field.removeActor(actor2)
        openSoundPlayer("wav/click.wav")
```

```
play()
return 0
```

一切照常——但是现在添加了这个函数，当触碰毒泡泡时会发生什么情况（请在
return 0 之前插入）：

```
elif actor2.__class__.__name__ == "PoisonBubble":
    self.hide()
    field.refresh()
    openSoundPlayer("wav/explode.wav")
    play()
    field.doPause()
```

现在，螃蟹消失了。你可以使用 hide() 函数执行此操作。当然，这里的 self
就是螃蟹，在这里它与 actor1 相同。另一方面，actor2 始终是与之碰撞的对象。这
样就可以立即看到螃蟹消失了（如图 18.6 所示），并使用 refresh() 更新场景，然后播
放了 explode.wav 的音效，并通过 field.doPause() 将游戏周期设置为暂停。

doPause() 与 doRun() 相反。它结束了常规自动执行的 act()，并在游戏场景
中，让所有原本会自动移动的对象都停了下来。

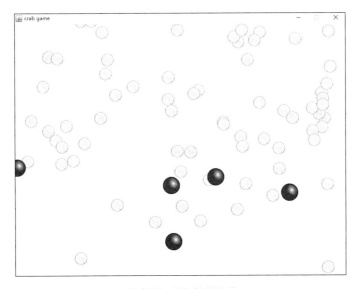

图 18.6 螃蟹被炸死了

这样，游戏就完成了。你现在肯定会输，但是怎么能让你胜利呢?

很清楚，胜利的情况，是你碰到了所有的气泡，并且红色的毒泡泡都留下来了。现在，游戏如何知道所有气泡都消失了?

当然有好几种可行的方式。在这一点上，我们采用一个稍微复杂一些，但易于理解的方式。我们引入一个计数器——最好作为螃蟹的变量。螃蟹使用变量 Counter 计算留下的气泡。当然，一开始计数器必须设置为 100——每次与气泡碰撞时，计数器都会减少 1。当计数器为 0 时，游戏胜利。

这可以在螃蟹的类定义的起始处添加:

```python
class Crabs(Actor):
    counter = 100
```

并且在 collide 方法中，需要添加一个新代码行。

```python
def collide(self,actor1,actor2):
    if actor2.__class__.__name__ == "AirBubble":
        self.counter -= 1
```

每当碰到气泡时，计数器将减少 1。

最后（删除气泡后），你还必须检查计数器是否为 0。所有气泡都消失了，玩家才能胜利:

```python
if self.counter == 0:
    msgDlg("Yahoo! Win! All Airbubbles are disappeared!")
    field.doPause()
```

顺便说一句，实现目标有很多种方法，不用我们在此处使用的计数器也可以做出相同的效果。因为在许多情况下计数器很实用，所以我们在此进行了介绍。你还可以使用游戏网格内置的方法来确定，有多少 AirBubble 类中的 Actor 仍然被分配给游戏场景，完全无需计数器。函数必须是这样的:

```python
number_airBubbles = field.getNumberOfActors(AirBubble)
```

如果需要，你当然可以播放胜利的音乐。这取决于你。

相应的，如果你输了，还应该有一条信息——我们的第一场游戏结束！

这就是"泡泡大战"的全部代码：

```python
from gamegrid import *
from random import randint
from soundsystem import *

class Crabs(Actor):
    counter = 100
    def collide(self,actor1,actor2):
        if actor2.__class__.__name__ == "AirBubble":
            self.counter -= 1
            field.removeActor(actor2)
            openSoundPlayer("wav/click.wav")
            play()
            if self.counter == 0:
                msgDlg("Yahoo! Win! All Airbubbles are
                disappeared!")
                field.doPause()
        elif actor2.__class__.__name__ == "PoisonBubble":
            actor1.hide()
            field.refresh()
            openSoundPlayer("wav/explode.wav")
            play()
            field.doPause()
            msgDlg("Failed.Remained bubbles: "+str(self.counter))
        return 0

class airBubble(Actor):
    speed = 3
    def act(self):
        ypos = self.getY()+self.speed
```

```
            self.setY(ypos)
            if ypos>600:
                self.setY(-10)
                self.speed = randint(2,8)

class PoisonBubble(Actor):
    speed = 5
    def act(self):
        ypos = self.getY()+self.speed
        xpos = self.getX()+self.speed
        self.setY(ypos)
        self.setX(xpos)
        if ypos>600:
            self.setY(-10)
            self.setX(randint(-400,500))

def keyPressed(keycode):
        xpos = crabs.getX()
        if keycode == 37: # 左
            if xpos > 30:
                crabs.setX(xpos - 5)
        elif keycode == 39: # 右
            if xpos < 770:
                krebs.setX(xpos + 5)

field = GameGrid(800,600)
field.setTitle("Crab game")
field.setBgColor(255,255,255)
crabs = Crabs("sprites/crab.png")
field.addActor(crabs,Location(400,550))
repeat 100:
    bubble = airBubble("sprites/bubble1.png")
    bubble.speed = randint(2,6)
    crabs.addCollisionActor(bubble)
```

```
    field.addActor(bubble,Location(randint(30,770),randint
    (-570,-30)))
repeat 5:
    gbubble = PoisonBubble("sprites/peg_2.png")
    gbubble.speed = randint(4,8)
    crabs.addCollisionActor(gbubble)
    field.addActor(gbubble,Location(randint(-500,400),
    randint(-200,-20)))

field.setSimulationPeriod(20)
field.addKeyRepeatListener(keyPressed)
field.show()
field.doRun()
```

任务

任务一：测试游戏，并更改气泡的数量、毒泡泡的数量和气泡的速度值，以免它们太容易或太难。你还可以修改更多内容，例如气泡的位置和移动方向。尝试一下！

任务二：游戏扩展，螃蟹不仅可以左右移动，还允许它上下移动。在查看以下代码之前，请尝试自己为控制器添加功能。"向上箭头"的键码为38，"向下箭头"的键码为40。当然，这里不再处理 x 位置，而是需要为上下移动更改 y 位置。

完成了吗？

这里是完成这两个任务的参考方案（如果你没有自己完成，可以参阅）：

```
def keyPressed(keycode):
    xpos = crabs.getX()
    ypos = crabs.getY()
    if keycode == 37: # 左
        if xpos > 30:
            crabs.setX(xpos - 5)
    elif keycode == 39: # 右
        if xpos < 770:
```

```
        krebs.setX(xpos + 5)
elif keycode == 38: # 上
    if ypos > 30:
        crabs.setY(ypos - 5)
elif keycode == 40: # 下
    if ypos < 570:
        krebs.setY(ypos + 5)
```

这会使游戏更简单吗？我不这么认为。但是这一定会让游戏更加有趣。如果现在对你来说太困难了，请返回任务一并调整参数，直到一切正常。请记住，在创建用于逐步测试的游戏场景时，你也可以显示游戏控制栏。

第十九章
新游戏：拆墙高手

> 第一个游戏完成了。可以说，它是通过不断学习和拓展获得的。我们想更系统地制作第二个游戏。首先，准确计划应当做的事情，然后将各个细节部分设计到最好。由此编写一个专业级游戏。

也许你玩过游戏"超级射手"（Breakout）或"快打砖块"（Arkanoid）。很早以前，这是二十世纪八十年代和九十年代非常受欢迎的街机游戏或家用电脑上的经典游戏。我们想要尝试模仿此类游戏的原理设计一款游戏。这次我们的需求非常具体，需要在编程之前仔细设计这个游戏。

游戏原理

在拆墙高手这个游戏中，有一个球不停地在游戏场景中来回飞。它从拐角处反弹，然后以相反的角度前进，就像一个真实的球在反弹一样。如果它触碰地面（游戏场景的最低边线），则游戏结束。为了避免这种情况，玩家在场景底部有一块可移动的板，它可以左右移动使球反弹起来。

此外，在游戏场景的上半部分有许多彩色方块或其他物体。当球触碰它们时，玩家得分，并且物体消失。

游戏的目的是用球击打游戏场景内的所有障碍物，并在球撞到地面时失败。

都明白了吗？

程序的元素

现在，让我们考虑一下该程序的需求。当然，我们想使用游戏网格实现它，因为 TigerJython 中提供的游戏库最适合用于此。

游戏场景（GameGrid）：

单色背景，尺寸可以为 800×600 像素，像元大小为 1 像素。

角色（Actor）：

- 1 个球，可以在一个方向上连续移动并在边缘或击打板上反弹，然后继续飞行。
- 1 块板（击打板），可使用键盘左右移动。
- 大量砖块，当与球碰撞时，静止的砖块会消失。

游戏控制还必须检查球是否触及游戏场景的底线（游戏失败的条件）或是否已清除所有障碍物（游戏获胜的条件）。

第一步：游戏场景和球

我建议的第一件事是创建一个游戏场景和一个球。我们不需要为游戏场景设置单独的类，因为它只需要具有标准功能就行——基本上都已经存在。我们通常使用 field = GameGrid(800,600) 进行操作，然后设置背景色和场景标题。

另一方面，这个球应该具有超越正常 Actor 的属性——它应该能够移动和弹跳。因此，让我们基于 Actor 创建一个 Ball 类。作为球的图片，我们再次使用 TigerJython 中包含的图片：evalpeg_1.png。

这是程序的起始部分，即基本结构：

```python
from gamegrid import *

class Ball(Actor):
    pass

field = GameGrid(800, 600)
field.setTitle("BREAKBALL")
```

```
field.setBgColor(Color.GRAY)
field.setSimulationPeriod(20)

ball = Ball("sprites/evalpeg_1.png")
field.addActor(ball, Location(400,300),45)
field.show()
field.doRun()
```

你回忆一下，Pass 的意思是"什么都不做"——Ball 现在是一个空的类定义，但是很快就需要添加一些内容，即球的 act() 方法和 collide() 方法——甚至可能使用更多方法。你可能注意到了，在创建时，除了图像文件以及在游戏场景中的位置，球还需要得到第三个参数：45 代表 45 度。第三个参数是当你使用 move() 移动球时，球飞行的方向。

我们可以在生成球后手动设置球的方向。它看起来像这样：

```
ball.setDirection(45)
```

启动程序——你将看到所有内容都是自动生成的（如图 19.1 所示）。

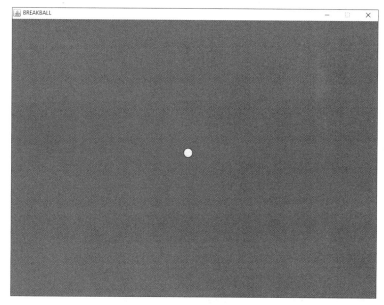

图 19.1 游戏场景中球出现在中央。除此之外，什么也没发生。稍后还有内容……

现在，球应当可以移动，沿刚刚设置为属性的方向移动。为此，需要使用 move() 函数。现在，在球的类定义中编写 act() 方法，一开始非常简单。

```
class Ball(Actor):
    def act(self):
        self.move(5)
```

如果在 move(5) 处传递了数字，则球将按照 act() 方法精确移动像元数，在这种情况下，这一方向上为 5 个像素。如果 doRun() 的 act() 每 20 毫秒调用一次，则意味着该球每秒移动 50 次。要使其变快或变慢，可以更改球的布局（move(x)）或场景的游戏速度（setSimulationPeriod(x)）。

现在，启动程序一次。如你所见，球在运动，它会很快从游戏场景中消失。

当然了。球应该从图片的边缘反弹，但是我们还没有编程。因此，我们现在需要一种方法来检查球是否接触到场景的边缘，然后更改其旋转方向。也就是说，使球以相反的角度弹回。

第一个很简单：当 x 坐标接近 0 时，球将碰触到左边缘，而当其接近 800 时，球将触碰到右边缘。当 y 坐标接近 0 时，则球将触到上边缘；而当其接近 600 时，球将触碰到下边缘。

代码看起来像这样：

```
if (self.getX() > 800) or (self.getX() < 20):
    # 改变球的方向

if (self.getY() > 600) or (self.getY() < 20):
    # 改变球的方向
```

我会将代码稍微缩短一点，如果你愿意，你可以自己算一下：秘诀是"入射角 = 反射角"。必须考虑到球是撞击水平边缘还是垂直边缘。从球击中边缘的角度计算返回时的角度。对于垂直墙，代码看起来是这样的：

```
direction = self.getDirection()
new_direction = 180-direction
```

```
self.setDirection(new_direction)
```

出射角，即弹跳之后的新方向，计算为 180（度）减去前一方向（入射角）。对于水平边缘，计算如下：

```
direction = self.getDirection()
new_direction = 360-direction
self.setDirection(new_direction)
```

如果球要正确地从墙壁上反弹，则始终可以在游戏网格中使用这类计算。这样我们就可以完成 act() 方法：

```
class Ball(Actor):
    def act(self):
        direction = self.getDirection() # 球目前的方向
        if (self.getX() > 800) or (self.getX() < 20):
            # 改变球的方向，垂直边缘
            new_direction = 180-direction
            self.setDirection(new_direction)
            self.move(5) # 远离边缘额外移动一步

        if (self.getY() > 600) or (self.getY() < 20):
            # 改变球的方向水平边缘
            new_direction = 360-direction
            self.setDirection(new_direction)
            self.move(5) # 额外移动一步

        self.move(5) # 在每个周期中，球的正常移动
```

如果使用以上方法启动程序，你将得到一个从所有边缘利落反弹的弹跳球（如图 19.2 所示）。使用附加命令 self.move(5) 提供逼真的反弹效果并防止下次查询时，球仍位于边缘区域。

图 10.2　让球从右边缘上反弹

任务

只是为了好玩——而且看起来很酷——在边缘上有一个小任务：创建 100 个以随机位置和角度开始并在场景边缘反弹的球！

你应该能够自己完成此操作，对吧？你需要随机模块——使用 repeat 循环直接生成 100 个球，并且添加到游戏场景中。其余的自己去尝试吧！

这是创建球的解决方案，你可以将其与你制作的内容进行比较。这些行替换了创建球的两行，并将其添加到场景中。

```
repeat 100:
    ball = Ball("sprites/evalpeg_1.png")
    field.addActor(ball, Location(randint(10,790),randint
    (10,590)),randint(0,359))
```

过去说过，别忘了在开始时设置

```
from random import *
```

然后，你可以测试该程序（如图 19.3 所示）。

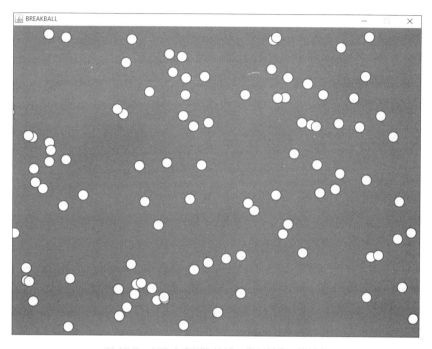

图 19.3　100 个来回飞的球，像暴风雪一样纷乱

当然，你现在可以更改速度和球的图片、数量。试试看，你将获得很酷的动画！
现在回到我们本来要做的拆墙高手游戏！

下一个元素：击打板

既然球运转得非常好，那么可以开始做下一个元素了。击打板可以在下方来回移动。球应该可以从击打板上反弹。

为此，我们需要做些什么？首先，我们需要一个新的 Actor 类，将其称为 Board。然后使用键盘控制，就像上一章中的螃蟹一样，如果球碰到击打板则用碰撞控制。

让我们从创建击打板本身开始。这是在 Ball 类的定义之后。

```
class Board(Actor):
    pass
```

暂时足够了——Board类仍然是空的，和Actor类相同。稍后，我们还要继续拓展。

现在，我们需要将击打板创建为游戏角色。现在，创建对象 ball 和 board 的代码具体如下：

```
ball = Ball("sprites/evalpeg_1.png")
field.addActor(ball, Location(150,300),45)
board = Board("sprites/stick_1.gif")
field.addActor(board, Location(400,580))
```

当你启动程序时，它看起来像这样（如图 19.4 所示）：

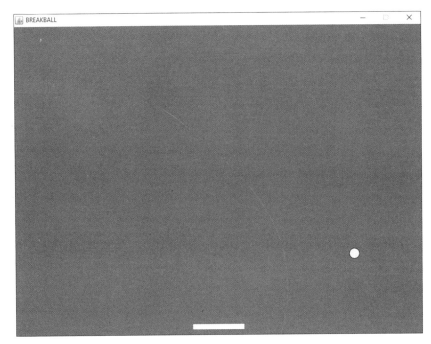

图 19.4　击打板在那里——但尚不可控制

现在，击打板可以使用箭头键向左和向右移动。你已经从螃蟹游戏中了解过这一点了。击打板也是一样的。定义一个功能，可查询按键并将击打板相应地向左或向右移动。它在类定义之后插入到程序中：

```
def keyPressed(keycode):
    xpos = board.getX()
    if keycode == 37:  # 到左侧
        if xpos > 30:
            board.setX(xpos - 5)
    elif keycode == 39:  # 到右侧
        if xpos < 770:
            board.setX(xpos + 5)
```

现在，此函数仅需作为事件自动处理添加到场景中，最好放在 setSimulationPeriod (20) 之后：

```
field.addKeyRepeatListener(keyPressed)
```

如果你现在启动程序，则可以使用箭头键来回移动下面的黄色击打板。

下一步：球从击打板上反弹。

为此，最好给击打板设置碰撞函数。击打板的碰撞对象是球。

因此，在创建击打板之后，立即将球添加为碰撞对象：

```
board.addCollisionActor(ball)
```

现在必须赋予 Board 类（到目前为止是空的）碰撞函数 collide()。当击打板和球接触时会发生什么？当然是球会反弹，球应该从下边缘反弹，即垂直跳动。但是，为了使游戏更生动一点，你可以随机改变击打板的反弹角度——根据随机数将其移动 –30 度到 +30 度。（请思考，程序开始时还要添加 from random import*！）

```
class Board(Actor):
    def collide(self,actor1,actor2):
        direction = ball.getDirection()
        new_direction = 360-direction+randint(-30,30)
        ball.setDirection(new_direction)
```

```
        ball.move(5)
    return 0
```

注意，collide() 函数必须一直返回一个数字，在这种情况下，只需加上 return 0。

启动该程序——你将看到它基本上有效。但是有一件事仍然不完全正确：球虽然从击打板上反弹，但是它在距离击打板数个像素远的位置产生反应，实际上球并未碰到击打板。这是因为击打板的碰撞区域比实际可见的区域更大。你可以通过定义场景中触发碰撞的区域更改此设置。

创建击打板后，添加以下内容：

```
board.setCollisionRectangle(Point(0,20),100,2)
```

这将击打板内的矩形定义为"碰撞区域"。仅当球碰到该点时才触发碰撞。如果你现在重试，它会看起来更加真实。

太好了，控制起效，开始反弹。现在该做什么了？

在开始创建你希望球击打的彩色砖块之前，有一个小而重要的步骤：球根本不应该从底边反弹。当球击中底边时，游戏结束了。因此，我们必须修改球的运动函数：

```
class Ball(Actor):
    def act(self):
        direction = self.getDirection()
        if (self.getX() > 800) or (self.getX() < 20):
            # 改变球的方向，左 / 右边缘
            new_direction = 180-direction
            self.setDirection(new_direction)
            self.move(5)

    if (self.getY() < 20):
        # 改变球的方向，上方边缘
        new_direction = 360-direction
        self.setDirection(new_direction)
        self.move(5)
```

```
if (self.getY() > 600):
    # 如果球碰到了下边缘
    field.doPause()
    msgDlg("GAME OVER")
else:
    self.move(5)
```

暂时足够了。现在，这几乎已经是一款真正的游戏：球飞过，从角落反弹，可以用可控的击打板接住它，当球触碰到游戏场景的下边缘时，游戏结束（如图 19.5 所示）。

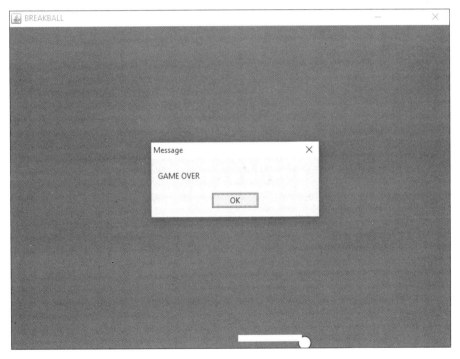

图 19.5 哎，没接住！

第三步：砖块

现在，还需要有可以用球击打的砖块。首先，必须创建 Block 类，然后在游戏场景中放置大量砖块。砖块不必移动，但是它们必须对球的撞击做出反应，然后消失。因此，你不需要 act() 方法，但是需要 collide() 函数。

开始工作。这些代码行涉及其他类定义：

```
class Block(Actor):
    pass
```

这是 Block 类第一次出现。现在，我们必须创建砖块，并将其放置在游戏场景中。应该设置几个？在我的示例中，每行有 17 块，上下一共有三行。当然，你可以按照自己的意愿做出不同的设计。

你可以使用自己的图片作为砖块的图片，或者使用软件自带的图片 seat_0.gif（绿色）、seat_1.gif（黄色）和 seat_2.gif（红色）。

这是创建第一行砖块的众多方法中的一种：

```
for xpos in range(0,17):
    block = Block("sprites/seat_0.gif")
    field.addActor(block, Location(xpos*42+60,100))
```

都明白了吗？也许还没有完全明白。我们不像往常一样在这里使用 repeat 循环，而是使用带有 range() 的 "for" 循环。为什么？repeat 可以起作用，但是我们需要一个计数器来计算当前的砖块数量。为此，我们不得不在使用 repeat 时使用一个额外的 counter 变量进行重复，我们需要将其设置为 0，然后每次增加 1。使用 for 和 range()，xpos 会自动从 0 到 17 计数，然后我们可以每次将 xpos 乘以砖块的宽度，用于获得屏幕上的正确位置，再加上 60，就是左边缘的坐标数。这一行的 y 位置始终相同，即 100。

你能理解这些代码吗？如果不理解，请再看看第十一章中的列表，如何处理 for-range() 循环。无论如何，掌握 for-range() 循环，都是好的，因为在标准 Python 中它非常频繁地出现（在标准 Python 中没有 repeat 命令，之前已经提过）。

如果你现在启动程序，你会看到如图 19.6 中的情况：

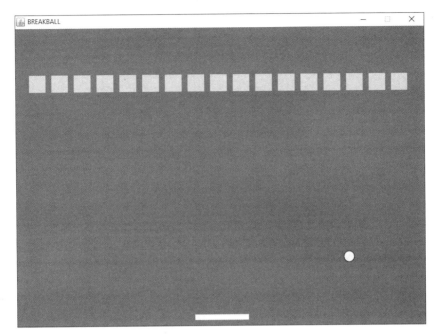

图 19.6 出现了一行中间砖块

现在还有下面两行砖块，可以使用不同的颜色完成，然后我们就完成了游戏的基本设置！

创建三行砖块可以在同一个循环中完成：

```
for xpos in range(0,17):
    block = Block("sprites/seat_0.gif")
    field.addActor(block, Location(xpos*42+60,100))
    block = Block("sprites/seat_1.gif")
    field.addActor(block, Location(xpos*42+60,160))
    block = Block("sprites/seat_2.gif")
    field.addActor(block, Location(xpos*42+60,220))
```

现在，每次运行循环时，三行砖块都一个接一个地生成，其 y 位置分别为 100、160 和 220，并且在每次运行中计算 x 位置（如图 19.7 所示）。

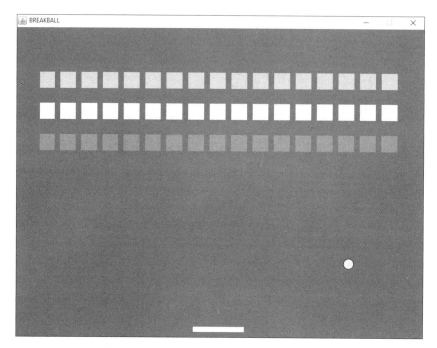

图19.7 现在所有必要的游戏元素都可以被调用了!

下一步很明确了，是不是？从逻辑上讲，当球触碰到砖块时，它们应当消失。你知道现在必须编些什么代码吗？

有两种可行的方法：我们可以将球指定为每个单独的砖块的碰撞对象，并在砖块的 collide 方法中做出反应。或者我们还可以将每个砖块指定为球的碰撞对象，并在球的 collide 方法中做出反应。两者都可以。

我在这里直接选择第一种方法。现在，需要对砖块的代码进行一些拓展：每个砖块必须在创建时将球设置为碰撞对象。

我们可以在创建之后添加

```
block.addCollisionActor(ball)
```

这一命令。或者我们可以立即将其包含在 Block 类中。然后，我们不需要为每个砖块重新写入，而是只需要在砖块的类中进行定义。在创建时，每个砖块自动获得碰撞对象 ball。

为了做到这一点，你必须将其写入砖块类的 __init__() 函数中。你能想起来吗？ __init__() 函数始终在创建对象时执行。

它应该是怎么样的？

```
class Block(Actor):
    def __init__(self):
        self.addCollisionActor(ball)
```

乍一看似乎还可以，但事实并非如此，因为使用这个 __init__() 函数会覆盖从 Actor 类继承的已经存在的函数。此外，我们可能还要为游戏角色分配图片。我们不能放弃现有的 __init__() 函数，所以我们需要拓展它。那么，如何操作？

很简单，通过编写一个新的 __init__() 函数，这个函数首先从 Actor 类中调用第一个函数，然后执行自己的命令。具体如下：

```
class Block(Actor):
    def __init__(self, path):
        Actor.__init__(self, path)
        self.addCollisionActor(ball)
```

这意味着首先执行 Actor 的常规 __init__() 函数，然后将球分配给砖块作为碰撞对象。所有这些都是在创建 Block 对象时自动发生的，因此我们不必在创建砖块时再多添加任何内容。

现在仍然缺少的是Block类的碰撞函数——也就是当砖块碰到球时，会发生什么：

```
def collide(self,actor1,actor2):
    field.removeActor(self)
    field.refresh()
    direction = ball.getDirection()
    new_direction = 360-direction
    ball.setDirection(new_direction)
    return 0
```

在这种情况下，actor1 是被触碰的砖块——在和球触碰的时候，砖块从游戏场景中消失。还会发生一些事情：球同时从碰到的砖块上反弹。它就这样改变了方向。我们可以简单地处理，并预设一条水平反弹线（360-direction）。

现在，你可以再次测试。游戏越来越像一款真正的超级射手游戏（如图 19.8 所示）。

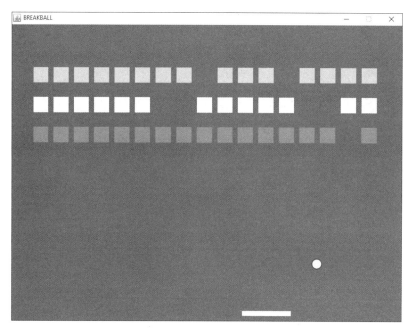

图 19.8　应该是这样的，是"消灭"了彩色砖块！

你一定会注意到我们必须修改几个地方。让我们从第一个问题开始。

显然，只有当球碰到它们的中心时，砖块才会消失。如果只是在侧面蹭到砖块，球会停下来。不应该出现这样的情况，我们来更正一下，我们要给每个砖块设置一个碰撞矩形——使用 setCollisionRectangle()。

现在，我们可以将碰撞矩形添加到砖块类中的 __init__() 函数里。然后不需要再单独设置。也就是，我们要添加：

```
self.setCollisionRectangle(Point(10,10),30,30)
```

然后它应该会更好地运行。你还可以尝试各种值，以便了解如何做到最好。测试，直到自己满意为止！

游戏控制

了不起！现在只缺少游戏控制方面的内容了——游戏的界面已经基本完成了。

游戏控制必须做些什么？

最重要的是，它必须识别何时消除所有砖块部分。然后，游戏获胜。如果没有接住球，则游戏结束——这部分已经完成编程了。你也可以拓展游戏，设置多条生命，在这个示例中为多设置几个球。

首先，必须可以在游戏中获胜。为此，你必须判定，是否已经在游戏中获胜。你需要了解剩余的砖块数。如果数字为 0，则赢得胜利。

你可以使用以下方法确定现有砖块的数量：

```
field.getNumberOfActors(Block)
```

现在在哪里检查游戏是否结束？使用"Field.getNumberOfActors(Block)"检查是否等于 0？

这可以在很多地方发生。这就是偏好和条理上的问题了。

无论在哪里，查询必须简单：

```
if field.getNumberOfActors(Block) == 0:
    field.doPause()
    msgDlg("You won the game！")
```

这个检查甚至可以出现在主程序中——也就是可以在对象以外。如果这样，就必须在那里设置一个不断检查数值的无限循环。

更简单的是，在碰撞后构建查询——也就是在 Block 对象的 collide 函数中。这意味着在消除最后一个砖块后马上可以确定胜利。

```
def collide(self,actor1,actor2):
    field.removeActor(self)
    field.refresh()
    direction = ball.getDirection()
```

```
new_direction = 360-direction
ball.setDirection(new_direction)
if field.getNumberOfActors(Block) == 0:
    field.doPause()
    msgDlg("You won the game!")
return 0
```

原来是这样！现在，游戏所需的所有元素都已就绪（如图 19.9 所示）。大家可以玩了，输掉比赛或赢得比赛！

拆墙高手游戏的基本版本已经完成！

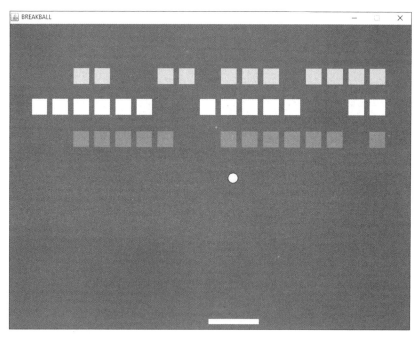

图 19.9　现在终于可以正常玩游戏了，即使这个游戏仍需要微调

这里是游戏的所有代码，以便你再次获得概览（别忘了，你还可以在网站上获得包含所有程序完整代码的 html 文件：www.letscode-python.de）。

```
from gamegrid import *
from random import *
```

```python
class Ball(Actor):
    def act(self):
        direction = self.getDirection()
        if (self.getX() > 800) or (self.getX() < 20):
            # 改变球的方向
            new_direction = 180-direction
            self.setDirection(new_direction)
            self.move(5)

        if (self.getY() < 20):
            # 改变球的方向
            new_direction = 360-direction
            self.setDirection(new_direction)
            self.move(5)

        if (self.getY() > 600):
            field.doPause()
            msgDlg("GAME OVER")
        else:
            self.move(5)

class Board(Actor):
    def collide(self,actor1,actor2):
        direction = ball.getDirection()
        new_direction = 360-direction+randint(-30,30)
        ball.setDirection(new_direction)
        ball.move(5)
        return 0

class Block(Actor):
    def __init__(self, path):
        Actor.__init__(self, path)
        self.setCollisionRectangle(Point(10,10),30,30)
        self.addCollisionActor(ball)
```

```python
        def collide(self,actor1,actor2):
            field.removeActor(self)
            field.refresh()
            direction = ball.getDirection()
            new_direction = 360-direction
            ball.setDirection(new_direction)
            if field.getNumberOfActors(Block) == 0:
                field.doPause()
                msgDlg("You won the game！")
            return 0

def keyPressed(keycode):
        xpos = board.getX()
        if keycode == 37:
            if xpos > 30:
                board.setX(xpos - 5)
        elif keycode == 39:
            if xpos < 770:
                board.setX(xpos + 5)

field = GameGrid(800, 600)
field.setTitle("BREAKBALL")
field.setBgColor(Color.GRAY)
field.setSimulationPeriod(20)
field.addKeyRepeatListener(keyPressed)

ball = Ball("sprites/evalpeg_1.png")
ball.setCollisionCircle(Point(0,0),10)
field.addActor(ball, Location(150,300),45)

board = Board("sprites/stick_1.gif")
board.setCollisionRectangle(Point(0,20),100,2)
board.addCollisionActor(ball)
field.addActor(board, Location(400,580))
```

```
for xpos in range(0,17):
    block = Block("sprites/seat_0.gif")
    field.addActor(block, Location(xpos*42+60,100))
    block = Block("sprites/seat_1.gif")
    field.addActor(block, Location(xpos*42+60,160))
    block = Block("sprites/seat_2.gif")
    field.addActor(block, Location(xpos*42+60,220))

field.show()
field.doRun()
```

我们看到，并且感觉到，这个游戏可以带来真正的乐趣。现在这个游戏还缺少些许打磨。你可以根据喜好添加一些内容。你有没有可以让游戏更加优化的创意？

音效

每个游戏都需要声音效果来提升游戏体验。当砖块消失响起爆裂声时，当球触到底边响起铃声时，当胜利后响起悦耳的声音时，玩家会觉得整个游戏更棒了！

要添加声音，必须在开头的地方插入

```
from soundsystem import*
```

我们之前已经学过了。然后，你可以像螃蟹游戏一样，播放包含的声音（click.wav，explode.wav）或者录制自己的声音，并将其放入你所编写代码的 wav 文件夹中。你也可以插入小旋律（在输或赢的时刻），那么游戏会更加生动！

感觉

你可以调整游戏的感觉——例如，更改球的速度或击打板来回移动的速度。每次修改后都会有不同的感觉。整个游戏的周期也可以使用

```
field.setSimulationPeriod(20)
```

进行改变。根据计算机的速度，会有很多可能性。

变形

你可以通过使用完全不同的图形更改砖块的数量、排列和外观。如果有机会，你可以为砖块、击打板或球创建自己的图形。一切都可以自己设计。你还可以在游戏结束时显示自己的图形，而不仅仅是打开消息窗口。

规则

你可以通过插入变量 live 增加规则，该变量最初可以设置为 3，如果失败相应递减，等到 Live == 0 时游戏结束。如果你的水平已经很高，也可以尝试设置多个级别，例如，让球的速度变得越来越快。

试试看，深入开发自己的球类游戏！自己探索研究才能学得更多！如果你很肯定自己已经了解了所有内容，那么你就可以继续进行下一个项目了。

第二十章
太空攻击——一款经典游戏

> "太空攻击"这款游戏会使人想起早期的计算机游戏"太空侵略者"（Space Invaders），该游戏在二十世纪八十年代初期非常流行。使用你现在掌握的技术，你可以自己做出来这款游戏。

这款游戏和之前学习的内容有相似之处，但也有一些新的组成部分。你正在逐步成为设计经典游戏的专业人士。在这个太空攻击游戏中，你可以自己实践或更改，而不只是打字录入。毕竟，你已经了解了几乎所有需要使用的编程技术了。

游戏原理

在太空攻击游戏中，你控制着一架小型飞船，该飞船可以在游戏场景的底部向左和向右移动。在游戏场景的上三分之一，排列着攻击者——排成几排的外星人。你的飞船可以向上发射子弹，而你需要用子弹击落对手。你必须加快速度，因为对手会逐渐向下移动。如果它们达到底边，你将会输掉比赛。对手也会不时投下炸弹，你必须避开。

技术：我们需要什么？

和往常一样，我们在游戏网格中创建一个游戏场景，TigerJython 中已经包含合适的背景图形。我们需要可操纵的飞船，可以发射的子弹，当然还有上面的外星人作为Actor。此外，还有一种敌人可以投下的"炸弹"。需要检查几种类型的碰撞——如果飞船与炸弹相撞，要看看对手是否已经消失，如果对手仍然存在，游戏结束。此外，当所有对手都被击落或对手到达场景底边时，游戏结束。

游戏场景

游戏场景可以快速创建（如图 20.1 所示）：

```
from gamegrid import *

field = GameGrid(600,600,1,None,"sprites/town.jpg",False)
field.setTitle("Space Attack")
field.setSimulationPeriod(20)
field.show()
field.doRun()
```

图 20.1　把 TigerJython 附带的背景当一个好的开始！

飞船

现在继续。我们需要一个可以左右移动的飞船。稍后可能还要上下移动。我们需要创建一个 Spaceship 类：

```
class Spaceship(Actor):
    pass
```

暂时这就足够了。这一类从 Actor 类派生出来，如果有碰撞，则需要进行扩展。
然后，飞船作为对象被创建：

```
spaceship = Spaceship("sprites/spaceship.gif")
field.addActor(spaceship,Location(300,586))
```

这就是它的样子——底部中间有一艘小小的飞船（如图 20.2 所示）。

图 20.2　飞船已经准备就绪

　　现在，我们需要用键盘控制飞船。和拆墙高手游戏中的编程一样。首先，你需要
将键盘的事件函数添加到游戏场景中：

```
field.addKeyRepeatListener(keyPressed)
```

然后，编写函数 keyPressed()，用于评估按下哪个按键：

```
def keyPressed(keycode):
    xpos = spaceship.getX()
    if keycode == 37:
        if xpos > 20:
            spaceship.setX(xpos - 5)
    elif keycode == 39:
        if xpos < 580:
            spaceship.setX(xpos + 5)
```

相关的说明请参阅第十九章（新游戏：拆墙高手），那是完全一样的。

如果现在启动程序，你已经可以使用箭头键左右移动飞船了。

现在开始射击

下面会更加有趣：飞船可以射击。为此，我们需要另一个可以从中创建对象的类。我们称之为 Bullet。这些对象会自行移动，因此需要 act() 方法。它们要做些什么？它们会向上飞。因此，需要将每个周期的 y 位置减小 5 像素。当它们从场景中飞出（y 位置小于 –5）时，就不再需要它们，可以从游戏场景中删除它们。

```
class Bullet(Actor):
    def act(self):
        ypos = self.getY()
        self.setY(ypos-5)
        if ypos < 0:
            field.removeActor(self)
```

现在定义子弹，它必须是可发射的。那应该如何进行？我的建议是使用一个按键，可以是空格键，因为它比较大，适合用作开火的按键。

我们必须在函数 keyPressed() 后面添加些内容：

```
elif keycode == 32:
    shot()
```

空格键的键码是 32。当按下它时，将调用 shot() 函数，从而使子弹开始运动。Shot() 必须作为下一个函数写入程序。

```
def shot():
    bullet = Bullet("sprites/bomb.gif")
    field.addActor(bullet,Location(spaceship.getX(),590))
```

Shot() 创建一个 bullet 类的新对象，图片使用 bomb.gif——一张小火舌图片，这正是我们需要的。

现在，你可以测试一下。

不幸的是，结果还不是很理想（如图 20.3 所示）。

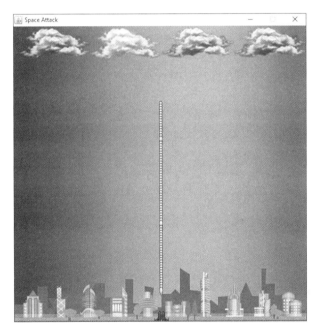

图 20.3　按下空格键的时间稍长，大量子弹就会彼此串连，形成了一条长长的火舌。这并不是我们想要的

如何防止子弹在按下空格键较长时间时不断从飞船中飞出来？

一种可行的方法是给飞船设置一个计时器（作为变量）。每次射击时，计时器都会设置为一个值，例如 10 或 20。在飞船的 act() 方法中，此计时器现在每次会递增 1。仅当计时器小于 0 时，才可以发射子弹。这意味着不可能再一个接一个地发射多个子弹，因为必须先让计时器完成倒数。

函数 shot() 具体如下：

```python
def shot():
    if spaceship.timer < 0:
        bullet = Bullet("sprites/bomb.gif")
        field.addActor(bullet,Location(spaceship.getX(),590))
        spaceship.timer = 10
```

如有必要，可以将计时器值设置为大于10，那么两次射击之间的暂停时间会更长。
但是现在还必须拓展飞船类才能使其正常工作：

```python
class spaceship(Actor):
    timer = 0
    def act(self):
        self.timer -= 1
```

重新尝试一下（如图 20.4 所示）。

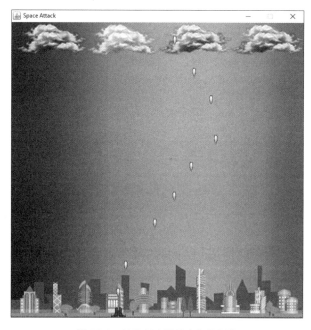

图 20.4　这个游戏中看看炮弹的四像

到目前为止的代码是：

```
from gamegrid import *

class Spaceship(Actor):
    timer = 0
    def act(self):
        self.timer -= 1


class Bullet(Actor):
    def act(self):
        ypos = self.getY()
        self.setY(ypos-5)
        if ypos < 0:
            field.removeActor(self)


def keyPressed(keycode):
        xpos = spaceship.getX()
        if keycode == 37:
            if xpos > 10:
                spaceship.setX(xpos - 5)
        elif keycode == 39:
            if xpos < 580:
                spaceship.setX(xpos + 5)
        elif keycode == 32:
            shot()

def shot():
    if spaceship.timer < 0:
        bullet = Bullet("sprites/bomb.gif")
        field.addActor(bullet,Location(spaceship.getX(),590))
        spaceship.timer = 10

field = GameGrid(600, 600,1,None,"sprites/town.jpg",False)
```

```
field.setTitle("Space Attack")
field.addKeyRepeatListener(keyPressed)

spaceship = Spaceship("sprites/spaceship.gif")
field.addActor(spaceship,Location(300,586))

field.setSimulationPeriod(20)
field.show()
field.doRun()
```

外星人

现在，开始制作对手——进行攻击的外星人。它们应该成排出现，缓慢向下移动，并定期投下小炸弹，为飞船制造困难。如果飞船被撞或外星人到达场景底边，游戏就会失败。当所有外星人都被消灭之后，游戏胜利。

因此，我们首先创建一个从 Actor 派生的类，名称为 Alien，并赋予其 act() 方法。

```
class Alien(Actor):
    ypos = 0
    def act(self):
        self.ypos += 0.1
        self.setY(int(self.ypos))
```

发生了什么？每个外星人都有一个属性 ypos，在 act() 方法中每次都会增加 0.1。然后，使用 int() 将外星人设置为四舍五入的 y 位置 ypos。以这种方式，它会缓慢地向下移动，每次移动 10 个像素。每个周期增加一个像素。

像素是整数

为什么必须使用 int() 函数将 ypos 四舍五入计为整数？非常简单，因为像素没有小数。setY() 需要一个整数，否则会出现报错信息。因此，在设置前对 ypos 进行四舍五入取整。

我们现在创建外星人并开始游戏，用来测试整个程序。创建飞船后（如图 20.5 所示），应出现以下代码。

```
alien = Alien("sprites/alien.png")
alien.ypos = 30
field.addActor(alien,Location(300,30))
```

图 20.5　测试游戏，将它放到外星人在下落

由于这个外星人运行良好，因此我们现在需要创建大量的外星人，预估一共5行，每行 14 个外星人。

```
for row in range (50,300,50):
    for column in range (40,570,40):
        alien = Alien("sprites/alien.png")
        alien.ypos = row
        field.addActor(alien,Location(column,row))
```

你看到它如何运作了吗？在这里，我们使用具有起始值、终止值和步距的 range 函数，以便创建一个列表，然后将外星人放置在该列表中。因此，用于行的 range 函数会创建一个列表 [50,100,150,200,250]，并为列创建以下列表：[40,80,120, 160,200,240,280,320,360,400,440,480,520,560].

由此得出外星人的 x 和 y 位置。结果是这样的（如图 20.6 所示）：

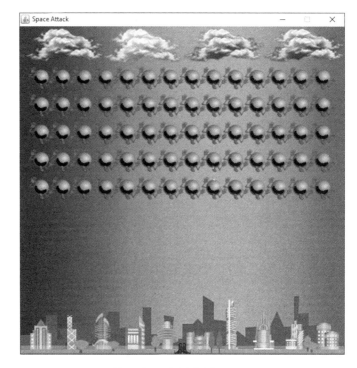

为了使游戏能够正常运行还缺少什么呢？

显然还缺少碰撞检查，使用碰撞检查，你可以射击外星人。否则，子弹直接穿过外星人继续飞行。

这里有一个小问题。在拆墙高手游戏中，我们只有一个球，我们可以在创建位于游戏场景上方的砖块时，直接将球作为碰撞对象。这里有所不同，有 70 个外星人，但在创建的过程中，我们不能把它们分配为碰撞伙伴，因为碰撞的子弹在这时尚未创建。在射击时，子弹仅在函数 shot() 中生成。

替换的方法并没有太多不同，当每次开火射出的子弹，发射到游戏场景中时，我们将当前所有的外星人分配给子弹作为碰撞对象。

需要怎样做?

我们必须在每次创建子弹对象时访问游戏场景中的各个外星人对象。幸运的是游戏网格中已经有一个现成的函数。调用 getActors(Class) 函数，并返回所有合适对象的列表。

为了获取所有仍存在的外星人对象的列表，我们使用以下命令：

```
alien_list = field.getActors(Alien)
```

现在，我们可以使用 for 循环检查列表，并在子弹中输入每个外星人作为碰撞对象。代码如下：

```
for a in alien_list:
    bullet.addCollisionActor(a)
```

整个 shot() 函数具体如下：

```
def shot():
    if spaceship.timer < 0:
        bullet = Bullet("sprites/bomb.gif")
        alien_list = field.getActors(Alien)
        for a in alien_list:
            bullet.addCollisionActor(a)
        field.addActor(bullet,Location(spaceship.getX(),590))
        spaceship.timer = 15
```

尽管发生了很多事情，因为有 70 个外星人对象在每次发射子弹时被分配作为子弹的碰撞对象，但是程序并不会明显感觉变慢。Python 绝对是足够快的。

现在，只缺少子弹中的 collide() 方法，因为当子弹与外星人碰撞时，某些事情必须发生。

那会发生什么呢？很简单，就是同时删除两个碰撞对象，即子弹和外星人。你在 Bullet 类中添加的方法具体如下：

```
def collide(self,actor1,actor2):
    field.removeActor(self)
    field.removeActor(actor2)
    return 0
```

现在你可以再次测试该程序（如图 20.7 所示）！

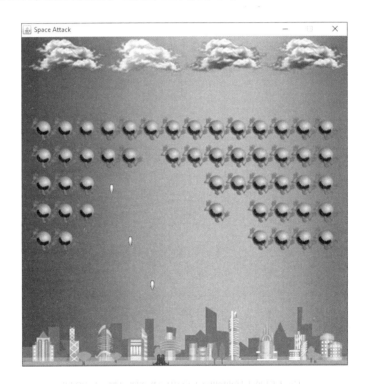

图 20.7 现在你命中的外星人已从场景中消失了

感觉真好！但是游戏还是太容易了，因为还缺少实际的对手。外星人虽然在那里，但它们还没有投下炸弹。我们想立即修改一下。

因此，我们创建了包含一个 act() 方法的 Bomb 类。炸弹要做些什么？当然是下落，直到移出场景。然后可以将其删除。

```
class Bomb(Actor):
    def act(self):
        ypos = self.getY()
        self.setY(ypos+5)
        if ypos>600:
            field.removeActor(self)
```

炸弹在哪里创建?

我们的创意是让所有外星人都能投掷炸弹,但只是偶尔投掷。让我们的设置简单一点:每个外星人在每个周期中都能确定一个介于 1 到 1,000 之间的随机数。如果这个数字恰好是 500,那么外星人就会投掷炸弹。

那炸弹数量会不会太少?

你可能会这样想,但是你必须知道,每秒有 50 个周期,最开始有 70 个外星人,也就是每秒会随机产生 3500 个随机数。平均每秒会抽出 3.5 次我们设置的号码。确实,外星人越少,炸弹数量越少。这就是事物的本质。

因此,我们拓展外星人的 act() 方法。

```
if randint(1,1000) == 500:
    bomb = Bomb("sprites/creature_1.gif")
    field.addActor(bomb, Location(self.getX(),self.getY()+10))
```

在这个过程中不要忘记在程序的开始处放置 from random import*。

一切制造炸弹雨的代码都在这里了(如图 20.8 所示)。

好的。所有重要的游戏元素现在都已就位,并且能够正确移动。缺少的是玩家死亡的方式。

如果没有游戏失败的设置,那将非常无聊。

首先,我们要考虑,如果外星人的炸弹与飞船相撞,那么游戏结束。每个炸弹在创建时都会分配给飞船作为碰撞对象。此外,我们需要在 Bomb 类中有一个 collide()。

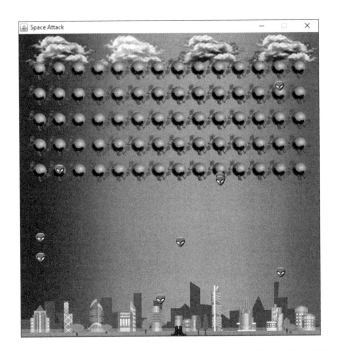

这样，让每个外星人只有千分之一的机会投下一颗炸弹。在游戏中还是会有几个有朝一日落下来的。

Alien 类的更改具体如下：

```python
class Alien(Actor):
    ypos = 0
    def act(self):
        self.ypos += 0.1
        self.setY(int(self.ypos))
        if randint(1,1000) == 500:
            bomb = Bomb("sprites/creature_1.gif")
            bomb.addCollisionActor(spaceship)
            field.addActor(bomb, Location(self.getX(),self.
getY()+10))
# 炸弹类获得一个碰撞方法：
    def collide(self,actor1,actor2):
        gameover()
        return 0
```

发生碰撞时，将调用 gameover() 函数。我们现在可以非常简单地编写代码，并在稍后进行优化。

```
def gameover():
    field.doPause()
    msgDlg("GAME OVER")
```

然后，你输掉游戏的第二种方法是：当其中一个外星人到达场景底边时，游戏也会结束。我们还需要在 Alien 类的 act() 方法中添加以下查询：

```
if self.ypos >520:
    gameover()
```

这样就可以匹配所有否定查询。

如果可以赢得比赛，那当然会很好。当所有外星人都被消灭了，就是这种情况。

当符合以下条件时：

```
field.getNumberOfActors(Alien) == 0
```

在哪里查询？比较有意义的是放在碰到外星人并让外星人被删除的地方，也就是在 Bullet 类的 collide() 的方法中。

直接在最后一行之前（在 return 0 之前），我们在此处输入以下内容：

```
if field.getNumberOfActors(Alien) == 0:
    won()
# 现在，还缺少在此处调用的函数 won()，补全后，所有内容都在这里了。
def won():
    field.refresh()
    field.doPause()
    msgDlg("WIN!")
```

完成！这是基本运行的太空攻击游戏的所有代码（完成后的游戏如图 20.9 所示）：

```
from gamegrid import *
```

```
from random import *
class Spaceship(Actor):
    timer = 0
    def act(self):
        self.timer -= 1

class Bullet(Actor):
    def act(self):
        ypos = self.getY()
        self.setY(ypos-5)
        if ypos < 0:
            field.removeActor(self)
    def collide(self,actor1,actor2):
        field.removeActor(self)
        field.removeActor(actor2)
        if field.getNumberOfActors(Alien) == 0:
            won()
        return 0

class Alien(Actor):
    ypos = 0
    def act(self):
        self.ypos += 0.1
        self.setY(int(self.ypos))
        if randint(1,1000) == 500:
            bomb = Bomb("sprites/creature_1.gif")
            bomb.addCollisionActor(spaceship)
            field.addActor(bomb, Location(self.getX(),self.
            getY()+10))

class Bomb(Actor):
    def act(self):
        ypos = self.getY()
        self.setY(ypos+5)
```

```
            if ypos>600:
                field.removeActor(self)
    def collide(self,actor1,actor2):
                gameover()
                return 0

def keyPressed(keycode):
        xpos = spaceship.getX()
        if keycode == 37:
            if xpos > 20:
                spaceship.setX(xpos - 5)
        elif keycode == 39:
            if xpos < 580:
                spaceship.setX(xpos + 5)
        elif keycode == 32:
            shot()

def shot():
    if spaceship.timer < 0:
        bullet = Bullet("sprites/bomb.gif")
        alien_list = field.getActors(Alien)
        for a in alien_list:
            bullet.addCollisionActor(a)
        field.addActor(bullet,Location(spaceship.getX(),590))
        spaceship.timer = 10

def gameover():
    field.doPause()
    msgDlg("GAME OVER")

def won():
    field.refresh()
    field.doPause()
    msgDlg("WIN!")
```

```
field = GameGrid(600,600,1,None,"sprites/town.jpg",False)
field.setTitle("Space Attack")
spaceship = Spaceship("sprites/spaceship.gif")
field.addActor(spaceship,Location(300,586))

for row in range (50,300,50):
    for column in range (40,570,40):
        alien = Alien("sprites/alien.png")
        alien.ypos = row
        field.addActor(alien,Location(column,row))

field.setSimulationPeriod(20)
field.addKeyRepeatListener(keyPressed)
field.show()
field.doRun()
```

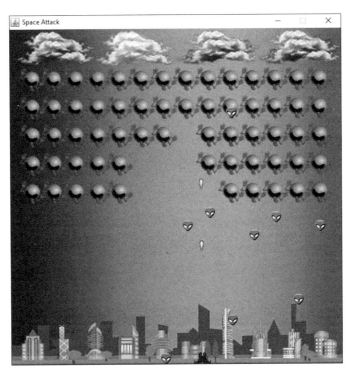

图 20.9　完成！所有功能都在这里，太空攻击游戏可以玩了！

拓展

和往常一样，我们需要问一问，哪里还可以改进、拓展和改造。与往常一样，你应当贡献自己的创意。我的建议也要说出来了——但你的想法同样有价值。也许你对这款游戏还有其他想法。你的想象力有多丰富，游戏的可能性就有多大！

爆炸

外星人总在短暂的爆炸闪光中消失不见，这样创作如何。这很容易做到，因为 TigerJython 为我们提供了一个迷你爆炸图。

爆炸在外星人被移除之后短暂出现，并再次消失。为此，我们需要一个爆炸类，该类在 act() 方法中有一个递减的小计时器，然后再次删除对象。

```python
class Explosion(Actor):
    timer = 5
    def act(self):
        self.timer -= 1
        if self.timer == 0:
            field.removeActor(self)
```

生成时，将爆炸的 timer 设置为 5，在每个 act() 方法中它都会减少 1，并在到达 0 时，爆炸消失。

这个爆炸图片当然会在确定应该爆炸的地方被调用——在子弹的 collide() 方法中：

```python
def collide(self,actor1,actor2):
    xpos = actor2.getX()
    ypos = actor2.getY()
    field.removeActor(self)
    field.removeActor(actor2)
    hit = Explosion("sprites/hit.gif")
    field.addActor(hit,Location(xpos,ypos))
    if field.getNumberOfActors(Alien) == 0:
```

```
    won()
    return 0
```

现在，飞船应当在撞上炸弹的时候爆炸。大致就是这样。我们已经有了这一类，现在只需要将效果内置到 gameover() 函数中。对于飞船，我们还有较大的爆炸图片可以使用。

```
def gameover():
    explosion = Explosion("sprites/explosion.gif")
    field.addActor(explosion,Location(spaceship.getX(),590))
    field.removeActor(spaceship)
    field.doPause()
    msgDlg("GAME OVER")
```

快试试！游戏效果更好了（如图 20.10 所示）！

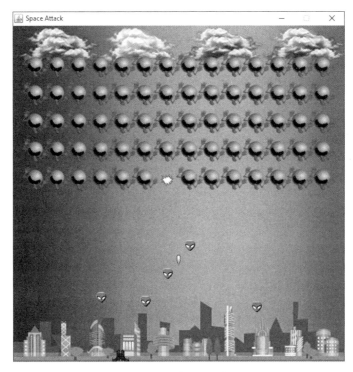

图 20.10　游戏让一切看起来都更好了

声音

当然，在爆炸的情况下，声音也不能缺少。现在，添加声音也不再需要费很大力气了。

当然，一开始必须先导入声音系统模块（from soundsystem import*），然后才能在相应的位置播放声音。

使用 Bullet 类的 collide() 方法射击外星人时，可以播放"click"的声音：

```
openSoundPlayer("wav/click.wav")
play()
```

当飞船被摧毁时，发出爆炸声：

```
def gameover():
    openSoundPlayer("wav/explode.wav")
    play()
    explosion = Explosion("sprites/explosion.gif")
    field.addActor(explosion,Location(spaceship.getX(),590))
    field.removeActor(spaceship)
    field.doPause()
    msgDlg("GAME OVER")
```

游戏结束

最后在游戏结束时显示的消息框虽然可以运行，但是并不好看。如果在游戏场景中出现彩色的"Game Over"（游戏结束）会更好。这当然可以做到。使用 TigerJython 附带的图形 gameover.gif 是最简单的（如图 20.11 所示）——你自己设计的图形当然更酷。使用内置的图片，你可以直接更改函数 gameover()，具体如下：

```
def gameover():
    openSoundPlayer("wav/explode.wav")
    play()
    explosion = Explosion("sprites/explosion.gif")
    field.addActor(explosion,Location(spaceship.getX(),590))
```

```
field.removeActor(spaceship)
gameEnd = Actor("sprites/gameover.gif")
field.addActor(gameEnd,Location(300,300))
field.doPause()
```

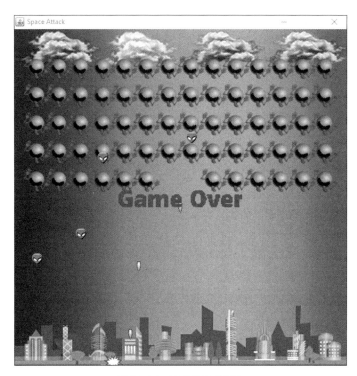

图 20.11 化沮丧更好看

其他拓展：你的任务

如何拓展、改进或改变你的游戏都取决于你。你可以更改所有的内容，也可以使用其他图片（可能是你自己制作的图片）替换现有图片。如果你精通 Photoshop 等图片处理软件，则可以轻松创建自己的精美图片对象。为此，请在 Python 目录中创建一个 sprites 文件夹，并把文件复制到其中，如果是你创建的图形对象，则使用你的文件的文件名。

你还可以录制自己的声音或获取其他声音进行整合。

你可以通过改变角色的移动速度和方式来改变游戏，还可以制订新规则，或者引入多条生命，甚至可以建立速度更快的第二关。

就像刚才提到的：一切由你决定——你可以尽情进行各种尝试。下一个项目不再涉及射击，更多的是技巧！

本章节中的游戏有一些特殊点——根据重力规则下落的球。在这里，受控的下降和蹦高是玩家的任务。

前两款游戏主要专注于射击，而本章中的游戏主要与技巧有关。飞飞球的基本理念来自前几年广受欢迎的移动设备游戏程序"笨鸟先飞"（Flappy Bird）。游戏原理很简单——正确掌控，越来越难。

游戏创意

在"飞飞球"中，有一个靠近游戏场景左边缘的球。游戏一开始，球便自动掉落。并且球的速度不断增加，就像一个真正的在重力影响下下落的球。如果球触碰到游戏场景的下边缘，比赛将会失败。为了防止这种情况发生，通过用鼠标单击游戏场景让球向上升。由此，球会微微向上移动一点，随后又开始下降。通过快速单击鼠标（并巧妙地松开），随着时间的推移可以很好地控制球上下运动。球也不得接触场景的上边缘。从右向左飞过的竖杆使游戏更加困难。同时，球也不能碰到竖杆。否则，游戏结束。当球无触碰经过每个竖杆时就会得到分数。

必要元素

从技术上讲，这个游戏的编程并不比以前的编程难，甚至可能更容易。我们需要一个非常简单的竞争环境。我们需要一个游戏角色"球"，它必须能够越来越快地下降并能够再次升高。此外，我们还需要竖杆，它们能够移动并穿过场景，这也是Actor

类的游戏角色。必须处理球与竖杆之间的碰撞——一直检查球的 y 位置，用于查看球
是在场景的顶部还是底部。

这对基本版的飞飞球游戏而言已经足够了，制作完成后，你可以像其他所有游戏
一样进行扩展。

游戏场景

这次让我们重新从游戏场景开始。确实没有过多需要考虑的。我们使用白色或任
何你喜欢的颜色创建一个 800×600 像素的背景。

```
from gamegrid import *
field = GameGrid(800, 600)
field.setTitle("Flappy Ball")
field.setBgColor(Color.WHITE)
field.setSimulationPeriod(20)
field.show()
field.doRun()
```

实际上，我们现在不需要最后一个命令 field.doRun()，因为现在暂时没有可以
由此调用的角色或 act() 方法。

球

球有其自身的运动方式。因此，定义一个由 Actor 衍生的独特的类。

Class Ball(Actor):

球需要什么？它需要向下移动（掉落）的速度。这需要一个 act() 方法，以确保
它在每个周期中都会继续下降一些，并且在此过程中速度微微升高（这在模拟重力加
速）。让我们开始吧。

```
class Ball(Actor):
    speed = 0.5
```

```
def act(self):
ypos = self.getY()
ypos += self.speed
self.setY(int(ypos))
self.speed += 0.2
```

使用属性 speed 将初始速度设置为 0.5。这意味着球以每个游戏周期 0.5 像素的速度掉落。这是通过 act() 方法实现的。

在 act() 方法中，首先确定球的垂直位置。再添加速度值（self.speed）——然后将球设置为新值（稍微向下一点），将速度本身提高 0.2。通过 int(ypos) 在此处再次进行新的 y 位置的取整——为什么？因为没有"半个像素"。这与太空攻击游戏相同——像素数必须是一个整数。

现在，球应该可以掉下来了。让我们马上尝试一下。我们还需要创建一个具体的对象 Ball，然后这个球使用 doRun() 落下。

将这些行插入 field.show() 之前，这样就可以创建出一个球了。

```
ball=Ball("sprites/peg_5.png")
field.addActor(ball,Location(400,10))
```

启动程序：你会看到球开始下降并加速。它很快从场景中消失（如图 21.1 所示）。

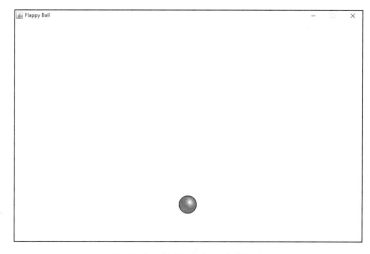

使用鼠标控制球

我们现在的想法是，单击鼠标让球向上提升一些。这和"笨鸟先飞"游戏的基本思路是一样的，就像小鸟拍打翅膀一样，球可以短暂向上加速提升，并由于重力再次掉落。

因此，我们需要一种用于球的方法能让球升高，我们称它为 kickUp()。

这个函数可以做些什么？它可以在另一个方向上改变球的速度。所以用负值（向上）代替正值。由于 act() 方法中有不断提高的下降速度，因此向上的速度被快速平衡，然后回落。球会获得向上的推动力。

这一方法可以很简单地写为：

```python
def kickUp(self):
    self.speed = -4
```

属性 speed 设置为 –4。这会使球向上飞行。但是"重力"同时起作用，因此它很快就会再次掉落，直到获得下一次助力。

你还不能对游戏进行测试，因为还没有编写程序来触发"助力"。我们希望通过单击鼠标来完成此操作。为此，我们需要再次对鼠标进行事件处理。这已添加到游戏场景中。我们可以由此定义在游戏场景中点击鼠标左键时应当执行哪个函数。在游戏场景中，在命令 field.show() 之前添加以下内容：

```python
field.addMouseListener(mouseClick,1)
```

这意味着，与 KeyRepeatListener 相似，当在游戏场景中按下鼠标左键时，总是会执行 mouseClick() 函数。第二个参数的数字 1 是什么意思？在这个函数中说明了应当做出反应的鼠标事件。可以在游戏网格的文档中查找此值：1 表示"按下左键"，2 表示"松开左键"，32 表示"按下右键"，64 表示"松开右键"，等等。通过累加数值可以组合事件。

现在唯一缺少的是 mouseClick() 函数——它独立于对象，因此不在类定义之内。

```python
def mouseClick(e):
    ball.kickUp()
    return 0
```

再次提醒：事件调用的函数总是自动将事件对象作为参数（此处为 e），并且必须以 return 0 或 return False 结尾。

现在，我们的整个程序如下所示：

```python
from gamegrid import *

class Ball(Actor):
    speed = 0.5
    def act(self):
        ypos = self.getY()
        ypos += self.speed
        self.setY(int(ypos))
        self.speed += 0.2
    def kickUp(self):
        self.speed = -4

def mouseClick(e):
    ball.kickUp()
    return 0

field = GameGrid(800, 600)
field.setTitle("Flappy Ball")
field.setBgColor(Color.WHITE)
field.setSimulationPeriod(20)
ball = Ball("sprites/peg_5.png")
field.addActor(ball, Location (400,10))
field.addMouseListener(mouseClick,1)
field.show()
field.doRun()
```

启动时，你必须迅速做出反应，因为球会立即掉落，你只能通过单击鼠标将其停止。如果你连续单击鼠标几次，你可以不断将其向上推，但是一旦释放鼠标按键，它就会掉落（如图 21.2 所示）。

图21-2 小测试之后, 小球仍在场景的顶部

太棒了! 这是游戏最重要的基础部分。

接下来, 我们要为游戏结束编程, 即当球接触场景上方或下方边缘时, 游戏结束。这使游戏更加困难。编程非常容易, 只需将以下两行添加到 ball 的 act() 方法中即可:

```
if ypos < 0 or ypos > 600:
    gameEnd()
```

如果球的垂直位置小于 0 或大于 600 (如果球的一半超过场景上边缘或下边缘), 则会调用 gameEnd() 函数。

我们立即编写 gameEnd()——不是作为方法, 而是作为 mouseClick() 函数之后的独立函数:

```
def gameEnd():
    field.doPause()
    msgDlg("Edge touched - lost!")
```

在游戏结束时，循环停止（如图 21.3 所示），不再有任何动作，并且弹出消息窗口显示游戏已失败。

简单，但是有效。你可以对其进行测试并将球移动得过高和过低，然后你就能看到程序是否起作用。

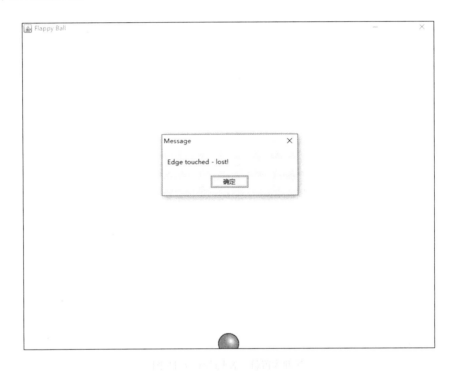

现在，真正的对手开始发挥作用。竖杆从右向左穿过场景，并且球必须绕开竖杆。

我们需要做些什么？当然，我们需要一个 Beam 类，可以从中创建多个对象，并且可以在球撞击竖杆时进行碰撞检查。在竖杆的 act() 方法中，竖杆必须以一定的速度从右向左移动。如果竖杆不在场景中，那么竖杆再次从右侧出现就很有意义，为了给游戏带来变化，它可以随机出现在更高或更低的位置。

我们现在马上从 Beam 类开始。这可以根据 Ball 类进行定义。

```
class Beam(Actor):
    speed = 2
    def act(self):
        xpos = self.getX()
        self.setX(xpos-self.speed)
```

我们由此定义了竖杆在每个周期向左总是独立移动 2 个像素。该速度由 speed 属性定义，以后可以根据需要进行更改。

使用此 act() 方法，竖杆将连续向左移动。为了使游戏能够继续进行，当竖杆从场景的左边消失时，它再次从右侧出现就很好。

你可以这样做：

```
if xpos < -10:
    self.setX(810)
```

竖杆的 y 位置问题同样重要。因为如果保持不变，游戏会很无聊。更好的设置是有时让竖杆位置靠上，有时让其位置靠下。只有这样，游戏才能有很多变化。该竖杆高为 400 像素。它的 y 范围应该在 0 到 200（位于上方的竖杆）之间，或者在 400 到 600（位于下方的竖杆）之间。

位置应该是随机的，问题是竖杆在上方还是在下方。我们再次需要随机模块，与往常一样，必须在程序的开头导入：from random import*

现在，我们可以随机决定竖杆是在上方还是在下方：

```
if randint(0,1) == 0:
    # 上方竖杆
    self.setY(randint(0,200))
else:
    # 下方竖杆
    self.setY(randint(400,600))
```

第一个 randint 数字是 0 或 1，由此决定在上方还是下方。如果数字为 0，则竖杆位于顶部；如果数字为 1，则竖杆位于底部。

然后根据情况，将竖杆的随机位置设置为 0 到 200 或 400 到 600 之间。

现在整个 Beam 类看起来像这样：

```python
class Beam(Actor):
    speed = 2
    def act(self):
        xpos = self.getX()
        self.setX(xpos-self.speed)
        if xpos < -10:
            self.setX(810)
            if randint(0,1) == 0:
                # 上方竖杆
                self.setY(randint(0,200))
            else:
                # 下方竖杆
                self.setY(randint(400,600))
```

现在，我们可以创建一个或多个竖杆对象了，让我们从设置一个竖杆对象开始，在 field.show() 前面添加如下代码：

```python
beam = Beam("sprites/bar3.gif")
field.addActor(beam, Location (810,200))
```

我们将竖杆放置在（x:810，y:200）的位置，这样它就在右侧的游戏场景外，并垂直放置在顶部。通过它的 act() 方法，它应该在启动后立即进入场景中，然后向左移动。如果它从左侧移出场景，那竖杆应当重新从右侧出现，这次它会在随机的 y 位置上，可能在上方或下方。

马上试试……

好吧，只有一根竖杆非常无聊（如图 21.4 所示）。为了使游戏令人兴奋和紧张，我建议设置四个相隔 200 像素的竖杆。由于整个场景的宽度为 800 像素，因此竖杆是连续不断的。

在开始时，竖杆的 x 位置必须在 810、1010、1210 和 1410。使用该程序一个接一个地创建四个单独的竖杆将是多余的，因为你可以在循环中执行此操作。可以使用一个从1至4计数并计算位置的循环，或者使用一份包含四个位置的列表并简单运行。

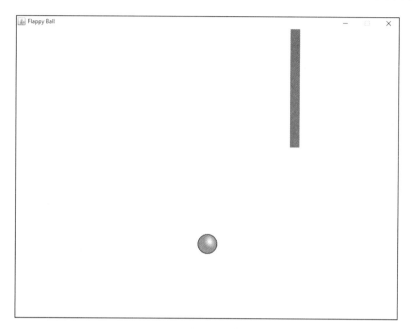

例如：

```
for xpos in [810,1010,1210,1410]:
    beam = Beam("sprites/bar3.gif")
    field.addActor(beam, Location (xpos,randint(400,500)))
```

我们在其起始位置创建了四个竖杆——y位置是随机的，但始终位于场景下半部分的某个位置。这使得游戏开始更加容易，直到竖杆移出场景，然后自动随机设置垂直竖杆的位置。它可以位于场景的下方或上方。

进行一次新测试后显示：现在有四个竖杆，它们以不同的方式一次又一次地从右侧边缘出现并向左移动（如图21.5所示）。

当然，游戏仍然缺少一些东西：碰撞检查，因为现在球仍然可以穿过竖杆平稳飞行。游戏当然不能是这样的。

我们可以在 Ball 对象和竖杆上执行碰撞检查。在此示例中，我们直接使用球，我们在创建了四个竖杆后将每个竖杆设置为球的碰撞对象。

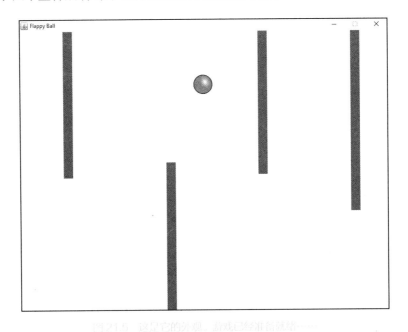

图21.5　这是它的外观，游戏已经准备就绪……

因此，创建竖杆时，在每条竖杆的定义之后额外增加一行：

```
ball.addCollisionActor(beam)
```

并且球需要一个圆形的碰撞面积。创建球后，添加以下行，例如：

```
ball.setCollisionCircle(Point(0,0),20)
```

然后，还少做了一件事情：用于球的 collide() 方法。也就是，当球撞击竖杆时会发生什么。

在球的类定义中，我们还需要写入以下方法：

```
def collide(self,actor1,actor2):
    gameEnd()
    return 0
```

这就是所有内容：现在，游戏的基本版本已经完成。有一个可以控制的球，竖杆会穿越场景——如果球与竖杆或场景的上下边缘碰撞，则游戏结束。在游戏结束时的消息中，我们直接写上"GAME OVER"。

下面是飞飞球游戏基本版本的所有代码：

```python
from gamegrid import *
from random import *

class Ball(Actor):
    speed = 0.5

    def act(self):
        ypos = self.getY()
        ypos += self.speed
        if ypos < 0 or ypos > 600:
            field.refresh()
            gameEnd()
        self.setY(int(ypos))
        self.speed += 0.2

    def kickUp(self):
        self.speed = -4

    def collide(self,actor1,actor2):
        gameEnd()
        return 0

class Beam(Actor):
    speed = 2
    def act(self):
        xpos = self.getX()
        self.setX(xpos-self.speed)
        if xpos < -10:
            self.setX(810)
```

```
            if randint(0,1) == 0:
                # 上方竖杆
                self.setY(randint(0,200))
            else:
                # 下方竖杆
                self.setY(randint(400,600))

def mouseClick(e):
    ball.kickUp()
    return 0

def gameEnd():
    field.doPause()
    msgDlg("GAME OVER")

field = GameGrid(800, 600)
field.setTitle("Flappy Ball")
field.setBgColor(Color.WHITE)
field.setSimulationPeriod(20)
field.addMouseListener(mouseClick,1)

ball = Ball("sprites/peg_5.png")
ball.setCollisionCircle(Point(0,0),20)
field.addActor(ball, Location (400,20))

for xpos in [810,1010,1210,1410]:
    beam = Beam("sprites/bar3.gif")
    field.addActor(beam, Location (xpos,randint(400,500)))
    ball.addCollisionActor(beam)

field.show()
field.doRun()
```

飞飞球游戏 1.0 版本可以运行了（如图 21.6 所示）！基本的游戏机制已经很完整了。现在，与其他游戏一样，它可以进行拓展。如何做可以让游戏更吸引人呢？与往常一样，你完全可以自行扩展游戏。更改速度（游戏节奏、球、竖杆），更改图片，添加声音等。

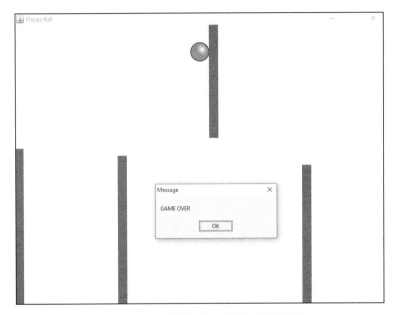

图 21.6 这看起来有些粗糙，但是游戏可以玩了！

扩展和改进游戏

我建议你可以模仿着做一些扩展或改进。

游戏开始

当启动游戏时，游戏马上开始运行是挺蠢的。单击鼠标启动游戏会更加方便。这也很容易实现：必须从主程序中删除命令 field.doRun()。游戏开始时，游戏循环将不会开始。仅在第一次单击鼠标时执行。为此，我们可以如下更改 mouseClick() 函数：

```
def mouseClick(e):
    if field.isRunning():
        ball.kickUp()
```

```
else:
    field.doRun()
return 0
```

现在，只需单击鼠标，首先会检查游戏是否正在运行。这是通过 isRunning() 函数完成的，开始时为否定，游戏启动了，然后通过点击鼠标就会开始操作，并将球"踢"高。

游戏结束

和以前的游戏一样，如果在游戏场景中出现彩色的"Game Over"，肯定会更好。你可以像以前的游戏一样插入它（如图 21.7 所示）。使用内置的图片，你只需更改函数 gameEnd()，具体如下：

```
def gameEnd():
    gameover = Actor("sprites/gameover.gif")
    field.addActor(gameover,Location(400,300))
    field.doPause()
```

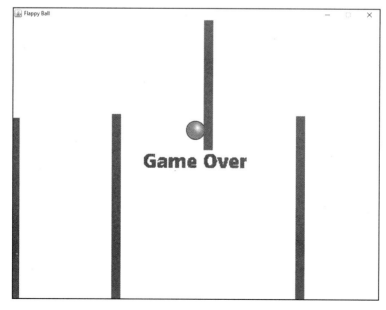

图 21.7　这时候是更糟了

如果你为"游戏结束"创建了自己的图片，则必须在 Python 文件夹中创建 sprites 目录，并将文件复制进这个文件夹中。然后，你可以使用自己的文件名替换 gameover.gif。一切皆有可能。

添加声音

同样的，添加自己的音频文件是最酷的。如果你暂时没有音频文件或无法创建一个，则可以添加两种内置的声音。

别忘了在程序的开头放置用于声音系统的导入命令：

```
from soundsystem import *
```

然后，你可以如下修改函数 kickUp：

```
def kickUp(self):
    self.speed = -4
    openSoundPlayer("wav/boing.wav")
    play()
```

你还可以扩展 gameEnd() 函数：

```
def gameEnd():
    gameover = Actor("sprites/gameover.gif")
    field.addActor(gameover,Location(400,300))
    openSoundPlayer("wav/explode.wav")
    play()
    field.doPause()
```

现在有声音了——每次"踢"球升高时会发出"Boing"声，球碰撞时会发出"爆炸"声。

其他创意

玩家每通过一个竖杆就能累计相应的分数。例如，在此过程中设置变量 points

作为球的属性。为了进行简化，你可以在球从左向右通过竖杆时计入分数。然后，可以在前两个竖杆处不计分，这样设计易于进入游戏状态。

然后，从 Ball 类开始设置，具体代码如下：

```
class Ball(Actor):
    speed = 0.5
    points = 0
```

在 if xpos <-10 之后，你需要添加一个竖杆类：

```
ball.points+=1
```

现在，只需要在最后输出分数即可。分数可以在游戏结束时弹出消息框显示。gameEnd() 函数中的最后一条命令为：

```
msgDlg("Points:"+str(ball.points))
```

许多其他创意也是可行的，例如在避免碰撞的同时，你还要让球收集物品，这个创意怎么样？为此，你必须创建一个新对象，该对象也会移动，并且在发生碰撞时消失，并额外增加分数。

或者设置多个级别的速度？例如，你可以得到 25 分之后进入下一个级别……

你可以不断拓展创意，并且将每个游戏改造得非常特别。先预祝你成果丰硕！

> 在制作动作游戏之后，该玩玩棋盘游戏了。游戏网格库也是理想的选择。

你将使用 Python 和游戏网格制作另一个新游戏。这次的游戏场景要安静一些——不再是一个物体飞来飞去，而是一个需要脑力思考的游戏。我们将要制作一款著名的小游戏，井字游戏（Tic Tac Toe）。首先，它是纯粹关于显示和控制的技术。然后，有两个相互竞争的人。最后，我们将深入"人工智能"领域，并尝试让计算机成为对手。

首先，让我们做个规划，游戏的外观如何，以及应当如何运行，我们为此需要做些什么。

游戏原理

井字游戏是在一个 3×3 的方形游戏场景中进行的，也就是在九宫格中。两名玩家彼此对抗，交替在空白的格子里放置叉形符号（玩家 1）或圈形符号（玩家 2）。获胜者是第一个在垂直、水平或对角线方向连续放置三个相同标记连成一条线的玩家。如果所有方格都已被占满，但是仍然没有连成一条线，则游戏以平局结束。

需要哪些元素？

为此，我们需要做些什么？首先，当然是使用游戏网格创建游戏场景。游戏网格在内部使用单元工作——这是我们第一次在这里真正使用它。我们要创建一个包含

3×3 个单元（每个单元宽 100 像素）的游戏场景。为了识别单元或格子，我们将在游戏场景的背景上画线。

此外，我们需要两个符号——叉形和圈形。它们分别被定义为 Actor，在放置时生成，并添加到游戏场景中。

游戏角色（符号）不必移动或有其他表现。它们只是被放在位置上并留在那里。因此，我们不需要 act() 方法，但是我们必须创建查询事件。

在这种情况下，不使用键盘，而是使用鼠标——因为使用鼠标可以放置相应的符号。

此外，我们还需要控制游戏，每下一步棋之后，它会检查玩家是否获胜，游戏是否结束，或是否由下一个玩家继续下棋。

游戏场景

从创建游戏场景开始。这一步非常简单：

```
from gamegrid import *

field = GameGrid(3,3,100,False)
field.setTitle("Tic Tac Toe")
field.setBgColor(Color.WHITE)
field.show()
```

绘制一个白色的游戏场景，尺寸为 300×300 像素，包含 3×3 个单元。为了使这些单元可见，你还可以在创建时，通过游戏网格为单元边框指定一个颜色。我们使用以下内容替换第二行：

```
field = GameGrid(3,3,100,Color.BLACK,False)
```

结果就是一个完成的用于井字游戏的游戏场景（如图 22.1 所示）。

图 22.1 棋盘了——现在可以开始了

好啦，游戏场景完成了。绘制角色也非常简单。TigerJython 为我们提供了两个合适的图片，名称为 mark_0.gif 和 mark_1.gif。

由于我们不使用 act() 方法，并且设置符号不必执行其他任何操作，因此我们不需要为字符定义自己的类，我们只需要直接将它们创建为 Actor 类的对象即可。在 field.show() 之前添加以下四个命令：

```
symbol = Actor("sprites/mark_0.gif")
field.addActor(symbol,Location(1,1))
symbol = Actor("sprites/mark_1.gif")
field.addActor(symbol,Location(2,2))
```

如你所见，直接使用单元位置：左上方是单元（0,0），它的右侧是单元（1,0），然后是（2,0）。中心的单元是（1,1），依此类推。

启动程序，并设置两个符号（如图 22.2 所示）。

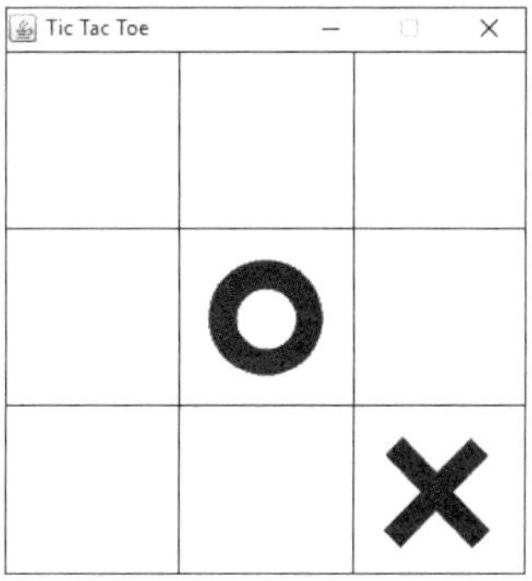

图 22.2 将符号放在框中非常容易

好，程序运行良好。现在，你可以删除刚插入的四个命令。它们只是为了测试。

对鼠标做出反应

现在是时候用鼠标进行控制了。我们的 GameGrid 必须对鼠标单击事件有反应。当你单击游戏场景时，它还必须确定单击了哪个单元，然后在相应的位置（如果场景为空）放置玩家的符号。

为了使用鼠标或键盘评估某个事件，GameGrid 还为我们提供了一种尚未使用的简单方法，但我们现在想这样使用它。在创建 GameGrid 对象，即游戏场景时，我们可以指定游戏场景应该使用哪些函数对哪些事件做出反应。它是这样的。使用以下这一行替换游戏场景的创建：

```
field = GameGrid(3,3,100,Color.BLACK,False,mouseReleased=mouseClick)
```

因此，添加以下内容作为最后一个参数：

```
mouseReleased=mouseClick
```

具体来说，这意味着：如果在游戏场景上单击鼠标，GameGrid 将执行 mouseClick() 函数（尚未编写）。在前面的程序示例中，我们总是在创建后添加一个 mouseEventListener——当然，在这里也能运行良好，并为我们提供有关事件的所有信息。

在这里，这是一个缩写，在创建游戏场景的同时，通过传递参数创建一个专用的 Event-Listeners。在很多情况下，就像这里一样，这对于此游戏来说更简单，而且完全足够。

如果需要，还可以添加其他此类事件参数，以逗号分隔。例如 mousePressed（按下鼠标按键），mouseClicked（在整个场景上单击一次鼠标按键并释放），keyPressed（按下键盘键）……但在这里，我们只需要 mouseReleased，即在游戏场景上按下鼠标按键并再次松开时的事件。mouseClicked 也可以，但是 mouseReleased 的问题较少，因为它总能有效运行，即使单击太快或太慢也能运行。

现在，我们编写事件函数 mouseClick()，该函数自动接收事件对象作为参数。

```
def mouseClick(event):
```

当鼠标在游戏场景上单击时，调用的函数就这样自动开始。自动在事件函数中传递的变量 event（我们可以在函数中随意调用它）是一个事件对象，其属性可以为我们提供信息，例如，刚刚单击了哪个像素位置（x，y）。

我们这样做：

```
def mouseClick(event):
    xpos = event.getX()
    ypos = event.getY()
```

鼠标单击的事件对象通过 getX() 和 getY() 方法为我们提供单击的确切位置。

为了现在可以在此处放置符号，我们当然需要单元位置（x: 0 ~ 2，y: 0 ~ 2）。我们如何确定它？当然，我们可以通过将游戏场景的像素宽度和像素高度除以单元数来计算，然后使用像素位置找出单元位置。

但是还有一种更简单的方法，因为游戏网格已经为我们提供了一种在处理单元时非常简单的方法。

方法叫作 toLocationInGrid(x,y)。这将像素位置 x，y 转换为该点所在的像元位置。

```
def mouseClick(event):
    xpos = event.getX()
    ypos = event.getY()
    cellsPos = field.toLocationInGrid(xpos,ypos)
    symbol = Actor("sprites/mark_0.gif")
    field.addActor(symbol,cellsPos)
```

现在 mouseClick() 函数是这样的。在游戏场景上单击鼠标时，首先从事件对象中读取以像素为单位的坐标。然后将它们转换为场景的单元位置，并在此位置上生成符号放置在游戏场景中（如图 22.3 所示）。试试看！

在创建场景之前，添加 mouseClick() 函数。你可以重新设置有关两个符号的创建内容。之后，程序如下所示：

```python
from gamegrid import *

def mouseClick(event):
    xpos = event.getX()
    ypos = event.getY()
    cellsPos = field.toLocationInGrid(xpos,ypos)
    symbol = Actor("sprites/mark_0.gif")
    field.addActor(symbol,cellsPos)

field = GameGrid(3,3,100,Color.BLACK,False,mouseReleased=
    mouseClick)
field.setTitle("Tic Tac Toe")
field.setBgColor(Color.WHITE)
field.show()
```

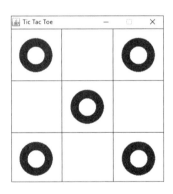

漂亮！又解决了一个问题。现在唯一缺少的是后台的游戏管理：有哪位玩家参加？允许在哪些区域放置？游戏何时胜利或平局？

但是这些事情并不简单。你必须考虑一下。

游戏管理

井字游戏后台管理的要求比以前的游戏要略高一些。在以前的游戏中，你只需要检查是否所有气泡或外星人都消失了，是否已删除所有障碍物或玩家是否触碰了不能触碰的对象。最主要的是，程序必须在每次启动之后分析分数，并检查两个玩家之一是否赢得游戏了。它还必须知道，当前谁正在参与，以及哪些场景仍然可用。

为了使程序不必持续检查当前在哪里放置了哪些 Actor 符号，建议将当前游戏的所有重要数据都放入玩家每次走步后会更新的变量中。

变量 active_Player 中有 1 号玩家和 2 号玩家。每次走步后，活动的玩家会随之更改，并随之更改变量中的数字。相应的，在设置符号时，会使用不同的图形作为符号。

此外，当前分数（在哪个位置设置了哪个符号）也应该处于一个变量中，以便程序可以轻松地确定某个玩家是否胜利。为此，需要提供一个名为 score 的列表。为了避免过于复杂，我们在这里使用一个拥有 9 个元素的列表，每个小方框一个元素。每个元素要么是 0（空置），要么是 1（玩家 1 已占用）或 2（玩家 2 占用）。

在开始时，score 是 [0,0,0,0,0,0,0,0,0]，因为还没有区域被占用。

井字游戏一个回合如何运行？

井字游戏不是"连续动作游戏"，而是"回合制游戏"。这意味着一位玩家做了一些事情（在一个单元中放置一个符号）——之后（且仅在此之后）将会检查游戏是否结束，然后轮到下一位玩家。实际上，这就是全部。更详细地说，此游戏中的每一步都是这样进行的：

在一个单元上单击鼠标时：

- 检查单元是否为空（否则什么也没有发生）。如果是：
  - 将活动玩家的符号放置在单元中。
  - 检查这位玩家是否赢得了比赛。如果否：
    - 检查游戏是否以平局结束（已经没有可用单元）。如果否：
      - 切换玩家，然后重新开始。

一个用于游戏数据的对象

现在，我们仅面向对象工作。那么我们如何为整个游戏控制创建一个对象呢？有一个属于我们自己的对象，它包含井字游戏当前回合的所有游戏数据，以此作为属性，并且将全部游戏函数作为方法。这样，我们将构建一个完全能够控制井字游戏的元素。

我们将其称为 GameControl。它以获取游戏的所有数据作为属性。

```python
class GameControl(object):
    score = [0,0,0,0,0,0,0,0,0]
    active_Player = 1
```

GameControl 类不是从另一个类（例如 gamegrid 或 Actor）派生的，而是我们自己的类。它的属性首先是得分（场景的当前占用情况）和活跃的玩家。当使用这个类新创建对象时，它具有在类定义中创建的初始值。

这样，程序生成一个 GameControl 对象：

```python
game = GameControl()
```

我们还可以将玩井字游戏所需的所有函数添加为 GameControl 类的方法。

让我们从最简单的函数开始：nextPlayer()。每当下完一步棋，游戏还没结束时，就会调用这个函数。在此函数中，对象变量 active_Player 只需在 1 和 2 之间来回切换。

```python
def nextPlayer(self):
    if self.active_Player == 1:
        self.active_Player = 2
    else:
        self.active_Player = 1
```

接下来，是一个检查单元是否为空或被占用的函数。如果只有一个单元为空，则只能在其中放置一个符号（圈或叉）。

如何检查？

你必须将单元坐标与 score 列表进行比较。为此，必须将单元坐标位置（0,0）或（2,1）与列表中的相应位置进行比较（如图 22.4 所示）。仅当设置为 0 时，才能在此处进行设置。

该函数可能如下所示：

```
def cellCheck(self,x,y):
    listspos = y*3+x
    return self.score[listspos]
```

如果单元为空，则该函数返回 0；如果它被玩家 1 的符号（圈）占用，则返回 1；如果它包含玩家 2 的符号（叉），则返回 2。

然后，我们还需要一个函数在游戏场景中设置当前设置的标记（在单元中生成符号）并将其输入到 score 列表中。

```
def set(self,x,y,Playerno):
    symbol = Actor("sprites/mark_"+str(Playerno-1)+".gif")
    field.addActor(symbol,Location(x,y))
    listspos = y*3+x
    self.score[listspos] = Playerno
```

除了单元坐标位置（x,y），还传递了玩家编号，因为它已经被输入到列表中。

1 代表玩家 1 或圈，2 代表玩家 2 或叉。在此之前，将相应的符号放置在单元坐标位置 (x,y) 处。你理解它是如何运行的吗？活跃玩家的正确图片名称以字符串形式组合在一起。

```
"mark_"+str(Playerno-1)+".gif"
```

由此，玩家 1 使用图片 mark_0.gif，而玩家 2 使用图片 mark_1.gif。

我们的游戏管理对象几乎已经完成。只缺少一个最重要的函数：必须检查玩家是否已经形成一条线，即是否已经获胜。玩家编号（使用 pn 代表）将传递至这个函数，然后只需要检查，在这里是否有玩家编号连续出现三遍，构成一条线。首先是水平的，由于使用线性列表，这很容易。然后是垂直的，必须通过循环查询坐标，然后是对角线，这需要单独检查。如果找到完整的行、列或对角线，该函数将返回 True——通过 return 它会自动终止，因此无须进一步检查。最后，如果未找到行，则会自动返回 False（未胜利）。都明白了吗？

```
def won (self,pn):
    lists = self.score
    # 水平（检查部分行）
    if (list[0:3] == [pn,pn,pn]) or (list[3:6] == [pn,pn,pn])
or (list[6:9] == [pn,pn,pn]):
        return True
    # 垂直（检查每个循环）
    for x in range(0,3):
        if (list[x]==pn) and (list[x+3] == pn) and (list[x+6]
== pn):
            return True
    # 对角线（检查单独的方框）
    if (list[0]==pn) and (list[4] == pn) and (list[8] == pn):
            return True
    if (list[2]==pn) and (list[4] == pn) and (list[6] == pn):
            return True
    return False
```

仔细浏览此函数，直到你了解所有的内容。

现在，只需要一个迷你函数用于检查是否所有单元都被占用。因为那时游戏结束了，无法再下棋了。

你可以通过检查 score 列表中是否还存在数字 0 轻松进行检查。如果是这样，那么仍然有可用空间，如果没有，则说明棋盘已经被占满。

```python
def boardFull(self):
    return not (0 in self.score)
```

如果函数这样表示，则当列表中不再有 0 时（也就是游戏结束时），返回 True。如果场景中仍有空（如果列表中至少还有一个 0），则返回 False。

现在，整个 GameControl 类的代码如下所示：

```python
class GameControl(object):
    score = [0,0,0,0,0,0,0,0,0]
    active_Player = 1

    def nextPlayer(self):
        if self.active_Player == 1:
            self.active_Player = 2
        else:
            self.active_Player = 1

    def cellCheck(self,x,y):
        listspos = y*3+x
        return self.score[listspos]

    def set(self,x,y,Playerno):
        listspos = y*3+x
        self.score[listspos] = Playerno

    def won (self,pn):
        lists = self.score
        # 水平
```

```
        if (list[0:3] == [pn,pn,pn]) or (list[3:6] == [pn,pn,pn])
or (list[6:9] == [pn,pn,pn]):
            return True

        # 垂直
        for x in range(0,3):
            if (list[x]==pn) and (list[x+3] == pn) and
(list[x+6] == pn):
                return True

        # 对角线
        if (list[0]==pn) and (list[4] == pn) and (list[8] == pn):
            return True
        if (list[2]==pn) and (list[4] == pn) and (list[6] == pn):
            return True
        return False


    def boardFull(self):
        return not (0 in self.score)
```

通过对象 GameControl，我们现在构建了一个小型"机器"，该机器具有执行整个井字游戏所需的所有属性和函数。我们现在要做的就是设置对象的值，并在正确的位置调用它们的函数。该对象会自行完成其余的工作。

在程序中，在哪里调用游戏管理功能？

因为玩家进行移动时必须始终启用游戏管理，所以此时也应当调用游戏管理——在 mouseClick() 函数中。它的内容现在有所变化——因为游戏所需的所有函数都已经存在，所以可以很轻松地处理整个游戏流程：

```
def mouseClick(event):
    # 确定鼠标位置
    cellsPos = field.toLocationInGrid(event.getX(),event.getY())
    cx = cellsPos.getX() # 提供方格的 x 位置
    cy = cellsPos.getY() # 提供方格的 y 位置
    # 如果方格为空，则继续:
```

```
if game.cellCheck(cx,cy) == 0:
    # 设置符号并且在列表中登记
    game.set(cx,cy,game.active_Player)
    if game.won(game.active_Player):
        msgDlg("Player "+str(game.active_Player)+" wins!")
    elif (game.boardFull()):
        msgDlg("The game is over: Draw!")
    else:
        game.nextPlayer()
```

实际上，现在非常简单，就是游戏的实际过程，和之前说明的一样：单击一个单元时，首先要检查该单元是否为空，如果是，则在其中设置一个符号并输入 score 列表中，然后检查玩家是否已通过此举获胜，如果未获胜（如图 22.5 所示）；则检查棋盘中是否已满（如图 22.6 所示），如果未满，则是下一个玩家开始下棋。

就这样!

以下是整个程序的概览：

```
from gamegrid import *

class GameControl(object):
    score = [0,0,0,0,0,0,0,0,0]
    active_Player = 1

    def nextPlayer(self):
        if self.active_Player == 1:
            self.active_Player = 2
        else:
            self.active_Player = 1

    def cellCheck(self,x,y):
        listspos = y*3+x
        return self.score[listspos]
```

```python
    def set(self,x,y,Playerno):
        symbol = Actor("sprites/mark_"+str(Playerno-1)+".gif")
        field.addActor(symbol,Location(x,y))
        listspos = y*3+x
        self.score[listspos] = Playerno

    def won(self,pn):
        list = self.score
        # 水平
        if (list[0:3] == [pn,pn,pn]) or (list[3:6] == [pn,pn,pn])
or (list[6:9] == [pn,pn,pn]):
            return True
        # 垂直
        for x in range(0,3):
            if (list[x]==pn) and (list[x+3] == pn) and (list[x+6]
== pn):
                return True
        # 对角线
        if (list[0]==pn) and (list[4] == pn) and (list[8] == pn):
            return True
        if (list[2]==pn) and (list[4] == pn) and (list[6] == pn):
            return True
        return False

    def boardFull(self):
        return not (0 in self.score)

def mouseClick(event):
    # 确定单击的方格:
    cellsPos = field.toLocationInGrid(event.getX(),event.getY())
    cx = cellsPos.getX() # 提供方格的 x 位置
    cy = cellsPos.getY() # 提供方格的 y 位置
    # 如果方格为空，则继续:
    if game.cellCheck(cx,cy) == 0:
```

```
        game.set(cx,cy,game.active_Player)
        if game.won(game.active_Player):
            msgDlg("Player "+str(game.active_Player)+" wins!")
        elif (game.boardFull()):
            msgDlg("The game is over: Draw!")
        else:
            game.nextPlayer()

field = GameGrid(3,3,100,Color.BLACK,False,mouseReleased=
        mouseClick)
field.setTitle("Tic Tac Toe")
field.setBgColor(Color.WHITE)
field.show()

game = GameControl()
```

没有 "doRun()" ？

你可能会问，为什么生成了游戏场景，却从未像以前的程序那样调用"field.doRun()"？没有启动内部循环，游戏可以一直持续到结束吗？

在此过程中，你必须了解 doRun() 的用途：当角色不断运动并且必须自发对变化做出反应时，始终需要使用 doRun()。doRun() 类似电影的播放，除了每隔 50 毫秒（或按你选择的速率）调用角色的 act() 方法，什么也不做，然后重新绘制该场景，以便它们继续执行动作，并与其他角色互动。我们在这里不需要它。这些角色根本没有 act() 方法，它们既不必移动也不会对某些事物自发反应。在这里，你只需要对鼠标在场景上的单击做出反应即可。每次单击完该场景，field 中的"mouseReleased"就会开始处理。每当将新符号添加到该场景时，它都会自动重新绘制自己。每次下新的一步棋时，游戏管理都会处理其余的工作。完成！面向对象的编程在行动！

图 22.5　游戏已经开始……

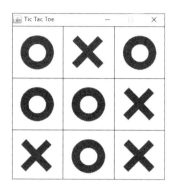

图 22.6　……结束：平局

井字游戏的扩展

现在，由你根据自己的喜好扩展游戏。在动手操作之前，你应该再彻底回顾一下这个程序。在你不清楚的地方，你可以进行实验，更改值然后看看会产生什么影响——并且在本章中再次阅读各个函数的具体作用以及原因。

当然，改进游戏的机会总会有的。比如，两个玩家可以在开头输入各自的姓名，然后始终显示其姓名。为此，请在 GameControl 类中创建新属性。例如一个列表：player_name=[,,]。然后，你可以在程序中设置 game.player_name[1] 和 game.player_name[2]。主程序通过 game.player_name [1] = input("Enter the name of the first player, please!") 开头。并用同样的方法为玩家 2 设置名称。在函数 nextPlayer() 中，输出 "Now it's the turn of " + game.player_name[game.active_player]"。

音效

当然，你也可以为此游戏添加好听的声音。别忘了在程序的开头添加 from soundsystem import*。之后，你可以在设置符号或者赢得游戏时播放音效或旋律。按照你喜欢的那样设计。

游戏结束

如果玩家获胜，就不能再下棋了。为此，你可以在 GameControl 对象中再创建另一个属性：game_active。最初，此属性设置为 True；玩家一旦获胜，就会变为 False。使用 if game.game_active: 可以在每次鼠标点击开始时查询，在进行其他评估前，下一位玩家的棋是否能走出去。

把电脑作为对手

如果你不能和其他人一起玩这个游戏，那么你可以一个人在计算机上玩，那当然会非常令人兴奋。但是，这意味着程序必须能够决定下一步要下的位置。为此，它必须以某种方式"智能"地运行。这样的东西称为 AI，即人工智能。

因此，人工智能意味着计算机程序可以根据某些标准独立决定自己的行为方式。它是如何做到的，毕竟有无数种可能性，每种可能性或多或少都有些小聪明。针对这一点，我想介绍三种让程序作为井字游戏对手的方法。我们将在程序中实现其中的前两种；在本书中，我只能描述一下第三种方法。

最简单：随机方法

你可能已经了解了一些人工智能范畴下的其他内容，但是该程序走棋的最简单方法是选择一个随机方框，然后在其中放置符号。

然后剩下的就是评估游戏是已经获胜，还是轮到下一位玩家。

你该怎么做？

首先，我们需要一种用于 gameControl 的新方法。我们将其称为 "randomMove()"。在此我们需要确定哪些位置空置，然后从中随机选择一个，并将符号放置在此处。因此，我们的程序还需要 random() 库。然后，函数使用现有方法检查计算机是否胜利。对象 GameControl 根本不需要更改，只需获取一个方法即可。鼠标单击查询中的方法调用发生了一些变化，因为不再涉及两位玩家，而是一位玩家和一台计算机。

方法 "randomMove()"

程序如何随机选择一个空位置？最好创建一个名称为 empty 的列表，其中列出空区域的所有位置。你可以从此列表中选择一个随机元素。你必须检查列表 `score` 的每个元素，并且在其中找到每个 0，将 0 的位置附加到列表 `empty` 中。

创建列表 `empty`：

```
empty = []
for x in range(0,9):
    if self.score[x] == 0:
        empty.append(x)
```

现在，`empty` 列表包含所有没有符号的单元。从该列表中随机选择一个元素。为了进行选择，程序必须知道列表 `empty` 中有多少个元素。这要使用 `len(empty)`（`len` 是 length 的缩写，即长度）。

```
number = len(empty)
chance = randint(0,number-1)
cell_no = empty[random]
return cell_no
```

现在，这是函数的长版本。当然，它也可以进一步简化。

例如：

```
cell_no = empty[randint(0,number-1)]
return cell_no
```

而且，从哪里开始，甚至很容易在一行中实现：

```
return empty[randint(0,number-1)]
```

如果你使用随机模块中已经包含的函数，并且从列表中选择一个随机数，则会更加容易：

```
return choice(empty)
```

编程还意味着简化——只要程序仍然可以理解，代码越简单，程序的效率就越高。

要使用 randint() 或 choice() 函数，当然必须在整个程序的开头插入 from random import* 行。

在 cell_no 中，在末尾有代表单元格的数字（0 到 8 中的一个），在这里设置电脑应当走的那一步。输出数字返回该函数。

现在，我们的整个随机选择函数如下所示，它包含在 GameControl 的类定义中：

```
def randomMove(self):
    empty = []
    for x in range(0,9):
        if self.score[x] == 0:
            empty.append(x)
    return choice(empty)
```

然后，应该在此处设置符号。但调用 set 方法需要单元格的坐标。因此，必须先将单元号转换为坐标（x，y），然后才能调用 set 方法。我们如何做？0 必须转换为（0,0），1 转换为（0,1），2 转换为（0,2），3 转换为（1,1）等。公式很简单：

```
y = no // 3
x = no % 3
```

行（y 位置）的数字是编号除以 3 的整数结果，x 位置是该除法的余数。然后就匹配了。

为此，我们向 GameControl 添加一些其他方法：

```
def noSet(self,pos,Player_no):
    y = pos // 3
    x = pos % 3
    self.set(x,y,Player_no)
```

现在，我们已经有了将符号设置为（x，y）位置和数字位置的方法。至此，我们已经准备就绪。

然后还有mouseClick()函数需要适应新的情况。这样就可以运行了：

```python
def mouseClick(event):
    # 确定单击的方格:
    cellsPos = field.toLocationInGrid(event.getX(),event.getY())
    cx = cellsPos.getX()
    cy = cellsPos.getY()
    # 如果方格为空，则继续:
    if game.cellCheck(cx,cy) == 0:
        game.set(cx,cy,game.active_Player)
    if game.won(game.active_Player):
        msgDlg("Player "+str(game.active_Player)+" has won!")
    elif (game.boardFull()):
        msgDlg("The game is over: Draw!")
    else:
        game.nextPlayer()
        game.noSetzen(game.randomMove(),game.active_Player)
        if game.won(game.active_Player):
            msgDlg("The computer has won!")
        elif (game.boardFull()):
            msgDlg("The game is over: Draw!")
        else:
            game.nextPlayer()
```

现在，游戏假定人类玩家始终是玩家1（圈）并且先开始游戏，而计算机始终是玩家2（叉），稍后轮到它走。每次单击鼠标后，都会由人类玩家走步并查看游戏是否结束。如果不是，则自动执行计算机走步，然后再检查计算机是否赢得游戏或游戏结束。如果不是，则将人类玩家重新设置为1，然后再次轮到该玩家。人类玩家下次单击鼠标时，游戏继续。

纯粹主义者可能会反对将最终代码进一步简化。最后，以完全相同的方式连续两次询问玩家是否获胜或游戏结束。当然，你也可以使用此函数，然后直接调用两次。

是的，你可以。欢迎你这样做，这是一个很好的练习。通常有很多方法可以实现你的编程目标。最短的通常（但并非总是）最好。我们将使该程序保持原样，因为它运行良好且易于理解。

在电脑上玩几局。你会注意到计算机仅具有一个两岁孩子的"智商"。它可以看到哪些场景是未被占用的，然后将标记放在某个位置。面对一个稍微谨慎或略加思考的人类玩家，它就会难以抵挡，除非是偶然胜利。没有人会认真对待这样的对手啊。

现在，我们希望对手更聪明一点，以便你可以与它真正进行对抗。

更聪明：双重检查方法

一般情况下，玩家轮到自己在井字游戏中走步时会怎样？我认为他通常会做两件事。他会检查是否可以使用马上要走的一步连成线，然后赢得游戏。如果可以，那么他就会这样做，接着比赛结束。如果不是，那么他会做第二件事，即检查对手是否有可能在下一次走步中连成一条线。如果是这样，那么他会自己采取行动防止这种情况，防止对手连成一条线。

如果这两种方法都不可行，那么他可能只是将自己的符号放在某处，并等待对手下棋。

人们可以在井字游戏中相对简单地为这种策略编程。我们所需要添加的只是方法computerMove()，该方法返回电脑要走下一步棋的方格的编号。

此方法必须做些什么？
- 它创建所有空置方格的列表。
- 它检查所有空置方格，将符号放在那里（仅在列表中，在游戏场景中不可见），并使用函数won()检查它是否赢得了游戏。如果是这样，那么它就找到了正确的棋招，并反馈。
- 如果所有空置方格都被检查了，而它无法赢得游戏，它将再次检查所有方格。这次，它将对手的符号放置在那里，并检查它是否可以以一招获胜。如果是这样，它将反馈这个位置，以便在这里下棋。

■ 如果这些都未带来任何结果，那么将棋招下在哪里都不重要，它会反馈一个随机位置（最后一个程序示例中的函数）。

现在，我们正在通过 GameControl 的另一种新方法来实现这一点：开始时几乎与随机函数相同。首先，创建所有空置方格的列表。

```python
def computerTrain(self):
    empty = []
    for x in range(0,9):
        if self.score[x] == 0:
            empty.append(x)
    number = len(empty)
    backup = self.score[:]
```

此外，score 列表的副本保存在 backup 变量中。为什么？因为该函数随后在 score 变量中"搞搞事情"并使用它测试各种获胜的分数。因此，我们需要一个备份，通过它可以在每次测试后恢复原始的 score。我们使用 [:] 创建备份——这意味着将列表的所有单个元素（从第一个到最后一个）复制到新列表中。必须采用这种方式，才能将列表真正复制到新列表中而不仅仅是引用旧列表的新变量。

因此，现在测试计算机是否可以走一步棋就能获胜。为此，计算机必须在 score 列表中一个接一个地进行所有可能下棋的步骤（检查 empty 列表一次，因为所有空置方格的位置都存储在其中）作为测试，将 2 放入其中（计算机是 2 号玩家），然后始终使用功能 won() 来检查这是否会给计算机带来胜利。如果是这样，计算机将通过 return 命令反馈放下棋子就能胜利的位置——通过 return 命令将终止整个函数。在此之前，和每次新测试一样，计算机需要重置为原始的 score。

```python
# 检查胜利的机会
for x in range(0,number):
    self.score = backup[:]
    self.score[empty[x]] = 2
    if self.won(2):
        self.score = backup[:]
        return empty[x]
```

因此，如果计算机可以在一步棋中获得胜利，则函数会在此处结束。但是，如果计算机检查了所有可能的棋招，并且没有棋招能获胜，则该功能将继续进行下一个程序段。

计划 B——必须检查对手是否可以凭借一步棋获胜。必须防止这种情况。这部分程序几乎按照一样的方式运行——只是现在使用 1 替换 2 测试每个空置方格的位置，并且检查对手是否会使用这一棋招获得胜利。

```
# 防止可能的失败
for x in range(0,number):
    self.score = backup[:]
    self.score[empty[x]] = 1
    if self.won(1):
        self.score = backup[:]
        return empty[x]
```

当程序找到对手获胜的方格时，整个程序再次结束。计算机通过插入自己的符号，防止对方获得胜利。

但是，如果找不到这样的方格怎么办？

那么，函数就会进入最后阶段。由于显然没有急需采取的措施，程序会假定将符号放置在哪里都没有关系，并返回一个随机位置。这由我们已经有的 randomMove() 函数确定：

```
# 否则：randomMove
self.score = backup[:]
return self.randomMove()
```

通过这种方式，计算机始终会走出自己的棋招——要么是制胜一招，要么是防止输棋的一招，要么是随机放置棋子。

在其中触发所有操作的 mouseClick() 函数也发生了变化，但变化很小。在这里调用 computerMove() 代替了 randomMove()——消息也可以相应地进行调整。

```
def mouseClick(event):
    # 确定单击的方格：
```

```
cellsPos = field.toLocationInGrid(event.getX(),event.getY())
cx = cellsPos.getX()
cy = cellsPos.getY()
# 如果方格为空，则继续:
if game.cellCheck(cx,cy) == 0:
    game.set(cx,cy,game.active_Player)
    if game.won(game.active_Player):
        msgDlg("The player won against the computer!")
    elif (game.boardFull()):
        msgDlg("The game is over: Draw!")
    else:
        game.active_Player = 2
        delay(1000)
        game.noSet(game.computerTrain(),2)
    if game.won(game.active_Player):
        msgDlg( "The computer won against the player!")
    elif (game.boardFull()):
        msgDlg("The game is over: Draw!")
    else:
        game.active_player = 1
```

完成！现在，你可以使用简单的人工智能测试游戏。如果你不注意，计算机将获胜（如图 22.7 所示）。如果你比较小心，通常会以平局告终。如果你玩得精明，肯定可以击败计算机。

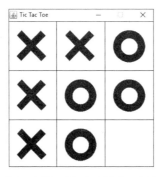

图 22.7　右图：多行人工智能，用脑脱工

我们认为，人工智能类似于 8 岁孩子的游戏风格。程序不会犯任何重大错误，不会错失任何机会，但我们只要稍加考虑，就可以欺骗它。

这种方法的主要缺点是计算机不会提前考虑。电脑没有自己的策略，它只是试图在每一步中直接获胜或直接避免对手胜利。否则，电脑就会随机下棋，而不注意是否真的会使它进一步向胜利推进。

电脑下棋虽然不蠢，但是也不是高度智能的。有没有一种方法可以使计算机无可匹敌？

当然有，但是不幸的是本书的范围不足以详细解释它们并将其编写为程序。为了让你深入了解专业人士如何编写"真正的"人工智能程序，从而使程序等于或优于玩家的水平，我至少要在此简要解释一下其原理。

真正的人工智能：极小极大算法

一种明确定义的，计算机程序可以使用并实现特定目标的方法，被称为算法。最受欢迎的，适用于计算井字游戏、九子棋、四子连珠甚至国际象棋等两人游戏的算法也被称为极小极大算法。有了它，一个程序总是可以赢得大多数游戏，因为它具有超前的思维并且不会忽略考虑因素。

该原理如何运作？

实际上，作为一种想法，它很简单，只需要进行很多检查，当你理解它时，它又会很快重新变得复杂。让我们再次以井字游戏为例。

正如我们在上一个示例中所做的那样，该程序必须首先检查所有可能下棋的位置。如果事实证明存在直接获胜的棋招，那么程序当然会执行并获胜——就像我们算法中的情况一样。但是，在极小极大算法中，评估并没有结束。如果没有明确的获胜棋招，计算机则会对每一个可能的棋招进行测试，并找到最佳的举动。对于对手的每一个棋招，计算机都要反复计算，一直检查到游戏结束。在每次尝试移动之后，都要评估游戏是否可以就此结束，即胜利还是失败，或者是平局（例如，10 表示胜利，0 表示平局，–10 表示失败），否则检查下一个可能下棋的位置。计算机始终假定其他玩家也像它一样会选择最佳动作。最后，程序必须通过检查值，确认移动序列中的哪一招会保证胜利、保证平局或导致不可避免的失败。

该算法被称为极小极大算法，因为总是在寻找计算机的最大值（获胜的机会最大）和对手的最小值（获胜的机会最小）。然后，得出的棋招的值可以是正值（保证计算机获胜），也可以是负数（如果对手下得好，计算机肯定会失败）或 0（如果对手下得好，则游戏肯定是平局）。直到游戏结束，所有评估的后续棋招都会得出计算机要走的棋招，由此可以产生最大的获胜机会，以及对手最低的获胜机会。这样，计算机就不会再在井字游戏中失败。

你将如何编写类似的程序？

这样的算法肯定应该递归地执行（另请参阅第十三章"递归函数"）。这意味着函数将检查所有空置的方格，在 score 列表中的空置方格中进行移动，然后通过更改的棋招再次调用自身，因此会检查此处的所有空置方格，直到游戏结束，因为有一个棋招会导致胜利或所有方格会被占满。然后，反馈棋招的评估。

如果只有 2 个空位可用，则此函数总共需要测试 4 个棋招——如果有 3 个空位，则检查 18 个……在 9 个均为空位的情况下，理论上将有数十万种进行游戏的可能性。尽管明智的做法是简单地在方格中走一步，而不进行任何计算，但是 Python 程序也可以做到这一点。

象棋中会更加复杂。在任何情况下，都必须事先确定应预先计算走多少步，因为大量的角色会产生更多的游戏可能性——也会有更多、更特别的规则。该程序可能无法计算所有类型的游戏直至游戏结束。但是象棋计算机已经可以通过极小极大算法成为优秀的棋手。一个国际象棋的程序还将检查所有角色的所有棋招，并且为每个棋招再次计算出对手可能的出招，以便在递归结束时评估态势，是否可以改进游戏战况，或者使其恶化。

如果你在编程方面已经拥有进阶水平，并且有兴趣更进一步了解游戏的人工智能，那么我推荐你上网搜索极小极大算法。网上有很多井字游戏或其他游戏的示例，非常清楚地说明了这一原理。使用 Python，一切都向你开放。几乎所有你可以想到的算法都能在功能强大的 Python 程序中实现。

## 第二十三章

如何继续学习？

> 现在，你已经学习了使用 TigerJython 编程的所有重要基础知识。你已经知道，如何构建程序，如何正确设置变量、列表、循环和条件，你已经学习了面向对象的编程，并且大量使用了游戏网格库。
>
> 你已经做好成为程序员的准备了。

本书已经接近尾声。然而，你作为程序员的职业生涯才刚刚开始。当你通读本书并逐步理解和内化所有示例后，你就为许多等待你的编程项目做好了充分准备。如果你还未掌握所有内容，那么我建议你重新翻看书里你还有困难的部分，模仿编写程序或者做一些改变后看看会发生什么。大多数技能都是通过尝试和纠错，反复试验、测试、思考，最后才能理解！通过自己编写程序，你可以学到最多的内容，编写的程序是你从头开始构建，而不是简单复制的。因此，我鼓励你暂时放下书，先是自己编写一些猜数字、小动画的程序，然后进行测试。你可以从书中获得创意，但是不使用其中的模板。当然，你可以偶尔查阅书籍，随着时间的推移，你就会对编程越来越有把握。在未来的某一天，你会感觉没有任何其他辅助措施就可以完全掌控编程了。然后，你会有无限的可能性。

在本书之后，我们如何继续学习？

当然，这完全取决于你的喜好以及你想做什么。你还可以使用 TigerJython 做很多书里没有写的事情。TigerJython 不仅是一个小型学习环境，还可以与许多库以及内置选项一起结合使用，因此你还可以使用它探索很多领域。

你还可以升级到 Python 的标准版本。无论是 Python 2.7（与 TigerJython 一样）还是 Python 3.7，差异都很小，可以快速学习。使用不同版本的 Python 系统，你可以做各种各样的事情，甚至可以独立编写真正的 Windows、Mac 或 Linux 程序。

如果你不想只使用 Python，你可以在合适的时候转向其他编程语言，并且查看如何将在本书中学到的编程理念用于其他程序中。编程原理在任何地方都是相同的，只是命令、拼写或约定因应用领域有所差异。实际上，几乎所有编程语言都有命令、运算符、函数、变量、整数和字符串，if 查询，While、for、repeat 循环和对象，它们都和 Python 中的一样。当你学会了像程序员一样思考时，你就消除了最大的障碍。剩下的就是熟悉和练习。

继续使用 TigerJython

在本书的很大一部分中，我们使用了 TigerJython 学习了 Python 的基础知识并进行了实践。在这里创建的程序也可以相对容易地转移到其他编程语言和系统中。但是，由于 TigerJython 中的一切都非常容易，因此从安装到输入并执行程序，这是一个理想的学习环境。从快速测试到使用大量模块和库的复杂程序，一切都可以同样简单地创建。

在本书的第二部分中，你了解了 TigerJython 中包含的游戏网格库。它集合了许多用于编写图像游戏的对象和函数，特别适合使用 Python 控制的游戏，在此过程中，逐步使以对象为导向的编程内化。本书中并未把游戏网格的所有可能性都说清楚。它可以制作各种棋盘游戏和 2D 动作游戏。我们在这里仅介绍了最重要的基础知识。仅仅使用这些知识就已经可以实现不错的成果了。如果你对游戏编程感兴趣，则可以进一步使用游戏网格试验。你可以在出版社网站上的本书资料中找到其他链接和示例项目。

你还学习了 G- 海龟库，使用该库可以很容易地显示计算机画出的图形。

TigerJython 包含更多的图形库，例如 G- 面板，使用该库可以轻松高效地进行图形模拟、评估和统计。

说到声音，我们仅介绍了最基本的内容。使用声音系统模块，你甚至可以生成和分析电子声音，原则上可以创建整个声音处理程序或生成自己的声纹图像。

在本书中我们完全没有涉及互联网和网络编程领域，因为你自己都可以编写一本完整的书了。但是你也可以使用 TigerJython 和现有模块创建此类程序，不会出现任何问题。

处理文件、读取和写入数据、评估和创建——所有这些都是使用库和 TigerJython 完成的。

数据库是另一个大话题。使用 TigerJython，你可以访问经典的 SQL 数据库并读取、写入和管理数据。精通数据库和 SQL 对于专业编程非常有益，使用 TigerJython 你可以逐步熟悉 SQL。

你有一台乐高 Mindstorms 机器人吗？如果你有幸拥有或借用到一台，也可以使用 TigerJython 对其进行编程。TigerJython 特别为乐高机器人提供了一种真实的模拟模式。但是，即使你没有机器人，也可以花更少的钱买到像 Raspberry Pi 或 calliope mini 这样的微型计算机（每个约 30 欧元）。TigerJython 甚至可以安装在 Raspberry Pi 上，并且 calliope 可以使用 TigerJython 进行编程。

你可以看看 TigerJython 帮助中直接调用的材料和教程，也可以在 TigerJython 网站上找到它们（直接搜索 "TigerJython"）。通过本书中的示例，你很难将 TigerJython 的潜力完全用尽。你可以使用 TigerJython 了解和测试每个重要的编程领域，以便日后在有需要时跨入另一个编程系统。

其他 Python 系统

如果你想在其他系统上继续使用 Python 语言，那么还有许多不同的选择。有许多免费的用于 Python 的研发平台和拓展应用，你可以自主下载和安装。虽然安装并不像使用 TigerJython 那样容易，但是你可以拥有全新的使用 Python 的平台。你可以使用 Python 2.7，它几乎和 TigerJython 完全一样，只是有一些微小的变动。例如没有 repeat 命令，代替 repeat 命令的是 for 循环，input() 不会生成输入窗口，而是在控制台中进行，msgDlg() 不存在，浮点除法需要使用其他方式进行，并且还有一些小差异，但是数量并不多——或者你可以使用 Python 3.7。其中有更多的区别、更新和新机会，你可以很快地学会使用它。Python 2 和 3 之间的区别很容易在搜索引擎上找到——剩下的就是尝试和学习。

有许多用于 Python 的开发环境和工具包。例如，著名的 PyQt，其中包含可用于构建图形用户界面（带有按键、文本场景等窗口）的编辑器，该编辑器可集成在 Python 程序中使用。其他 Python 工具包，例如 Kivy 或 Py-FLTK 也同样提供了构建与用户交互的、相对容易调整的界面。PyCharm 是用于 Python 的强大开发环境，使用它可以处理较大的项目。使用 Cython 或 CPython，Python 程序可以转换为 C++ 并编译为独立程序。

如果要对 Web 服务器进行编程，则可以使用 Django 进行此操作，Web 服务器编程库完全基于 Python 语言。许多程序都可以使用 Python 进行控制和扩展——从 3D 编辑器 Blender 到 "我的世界" 等游戏。Google 和 Youtube 还使用许多复杂的 Python 脚本进行内部控制。

Python 为你打开了整个世界。使用 TigerJython，你有了一个很好的起点，已经学会了所有对 Python 而言重要的基础知识，在以后，你可以更轻松地找到完全符合你想法和要求的系统。

其他编程语言

如果你想在 Python 之后切换到另一种语言和不同的编程领域，那么你现在学习的知识将对你有很大帮助。

你想进行交互编程构建自己的网站或 Web 应用程序？那么，你肯定需要 JavaScript 的知识。学习 JavaScript 相对简单，其结构和基础操作方法都与 Python 十分相似。当然，你必须熟悉 JavaScript 如何与 HTML 页面进行通信，需要学习部分其他语言的句法。但是经常使用的编程方法和流程还是和你在本书中所学到的内容完全一样。

你想对网络服务器编程？对你而言，PHP 是正确的选择（除非你使用的是 Django，否则你还是可以继续使用 Python 语言）。PHP 与 Javascript 一样，是基于 C 的基本句法，在基本逻辑上与 Python 差别不大。只是你在 Python 中习惯的整齐缩进，在别的语言中并不是这样的。

如果你已经熟悉了面向对象的编程，那么在你有需要时就可以迈向 Java、C#、Objective-C 或 C++。然后，你可以使用它为移动设备构建本地应用程序或创建高性能的程序。如果你想做专业的程序员，那么掌握其中一种语言无疑是一个优势。它们比

Python 更接近机器，也更复杂。但是它们的编程逻辑和你在 Python 中学到的相同。如果你了解 Python 中的面向对象方法，那么你就具备所有重要的基础知识，可以基于此熟悉更复杂的面向对象的语言。

使用 Python，你已经开了一个头。无论你是想作为兴趣爱好，还是希望从事专业工作，无论是编写小游戏，还是为手机编写应用程序，无论是进行公司管理，还是开发音乐程序、图像处理、3D 模拟或设备控件——作为程序员，你面前有一条令人兴奋的路。在这条路上你可以将自己的特殊兴趣和技能应用在自己个性化的程序中。

恭喜！你现在已经是一名程序员了。